Alquimistas e químicos
O passado, o presente e o futuro

Alquimistas e químicos
O passado, o presente e o futuro

José Atílio Vanin

Bacharel e licenciado em Química. Doutor em Ciências. Destacou-se como docente nas disciplinas de físico-química, química geral, química do meio ambiente, evolução dos conceitos de química, e termodinâmica aplicada a processos químicos e biológicos. Foi membro fundador da Sociedade Brasileira de Química e participante frequente das reuniões da Sociedade, bem como das reuniões da SBPC (Sociedade Brasileira para o Progresso da Ciência).

Prêmio Jabuti de melhor Ensaio de 1994.

2ª edição

Edição reformulada

© JOSÉ ATÍLIO VANIN 2005
1ª edição 1994

COORDENAÇÃO EDITORIAL	Lisabeth Bansi e Ademir Garcia Telles
LEITURA TÉCNICA	Frank Herbert Quina
COORDENAÇÃO DE PRODUÇÃO GRÁFICA	André Monteiro, Maria de Lourdes Rodrigues
COORDENAÇÃO DE REVISÃO	Estevam Vieira Lédo Jr.
REVISÃO	Rita de Cássia M. Lopes
EDIÇÃO DE ARTE, PROJETO GRÁFICO E CAPA	Ricardo Postacchini
FOTO CAPA	"Alquimista em seu laboratório lendo à luz de vela, acompanhado de aprendiz", óleo de David Ryckaert, Museu do Prado. © Garcia Pelayo/CID
COORDENAÇÃO DE PESQUISA ICONOGRÁFICA	Ana Lucia Soares
PESQUISA ICONOGRÁFICA	Luciano Banezza Gabarron
	As imagens identificadas com a sigla CID foram fornecidas pelo Centro de Informação e Documentação da Editora Moderna.
DIAGRAMAÇÃO	Camila Fiorenza Crispino
COORDENAÇÃO DE TRATAMENTO DE IMAGENS	Américo Jesus
TRATAMENTO DE IMAGENS	Rodrigo R. da Silva
SAÍDA DE FILMES	Helio P. de Souza Filho, Marcio Hideyuki Kamoto
COORDENAÇÃO DE PRODUÇÃO INDUSTRIAL	Wilson Aparecido Troque
IMPRESSÃO E ACABAMENTO	PSP Digital
LOTE	286589

Dados Internacionais de Catalogação na Publicação (CIP)
(Câmara Brasileira do Livro, SP, Brasil)

Vanin, José Atílio, 1944- 2001.
  Alquimistas e químicos : o passado, o presente
e o futuro / José Atílio Vanin.. — 2. ed. —
São Paulo : Moderna, 2005. — (Coleção polêmica)

  Bibliografia.

  1. Alquimia 2. Química (História) 3. Química
(Ensino médio) I. Título. II. Série.

05-2565   CDD-540.7

Índices para catálogo sistemático:

1. Química : Ensino médio 540.7

ISBN 85-16-04628-1

Reprodução proibida. Art.184 do Código Penal e Lei 9.610 de 19 de fevereiro de 1998.

Todos os direitos reservados

Rua Padre Adelino, 758 - Belenzinho
São Paulo - SP - Brasil - CEP 03303-904
Vendas e Atendimento: Tel. (11) 2790-1300
Fax (11) 2790-1501
www.modernaliteratura.com.br
2019

Impresso no Brasil

Sumário

INTRODUÇÃO 8

1. As artes químicas surgem com a história 11
    As vantagens da química 12
    O homem progride junto com a química...13
    O homem domina os metais 13
    Resumo do desenvolvimento da química (I) 16
    A química melhora os alimentos do homem primitivo 17
    Mais técnicas químicas do homem primitivo 18

2. Alquimistas e químicos 20
    Das artes químicas à alquimia..20
    A iatroquímica, precursora da química médica 24
    A química no século XVII 25
    A química no século XVIII 26
    A química no século XIX 27
    A química no século XX 29
    Resumo do desenvolvimento da química (II) 31

3. Lavoisier, revolução na química 32
    Lavoisier, o homem 32
    A preocupação de Lavoisier com a sociedade 35
    Lavoisier, o cientista 35
    A importância do princípio da conservação da matéria 36
    Lavoisier e a teoria do flogístico 38
    A nomenclatura química..40
    Outros destaques da obra de Lavoisier 41
    Um discípulo que atravessou o Atlântico 41

4. Pasteur, um químico de muitos interesses 44
Pasteur, o homem 44
Pasteur, o cientista 46
O que é luz polarizada 47
Pasteur e a simetria das moléculas 48
Pasteur, a fermentação alcoólica e a cerveja 50
Pasteur e as atividades de produção 52
Pasteur e a raiva 53

5. A química do cotidiano 54
O cimento 54
O vidro 56
As tintas 59
Sabões e detergentes 63
Fotografia 70
Alimentos 74

6. Os plásticos e as fibras sintéticas 79
Os precursores 80
Das bolas de bilhar ao cinema 80
Do celofane à baquelite 81
O desafio das fibras 82
A importância do trabalho de Staudinger 84
Para que servem os polímeros sintéticos 87
Outros plásticos 95

7. A química e seu impacto na sociedade 97
O caso da indústria de corantes 97
O impacto dos corantes na agricultura e na medicina 100
O impacto da síntese da amônia 100
As propriedades químicas do cimento 102
A importância do estudo da combustão 103
A importância dos plásticos 104
A química e o meio ambiente 105
A química é boa ou má? 106
A química acabaria se o petróleo e as usinas
nucleares também acabassem? 108

8. Sonhando o futuro 109
    A química e os problemas da nação 109
    Rumo ao futuro 110
    Como se forma um químico: graduação e doutoramento 113
    Um convite para o estudante se interessar por uma carreira em química . 114

BIBLIOGRAFIA 117

Introdução

O que vem a ser a química? Um conjunto curioso, mas pouco útil, de conhecimentos sobre a natureza? Uma ciência que perturba a ordem do Planeta Terra por criar substâncias artificiais, na maioria das vezes nocivas ao homem e ao meio ambiente? Ou, além de explicar a transformação da matéria, a química é também um agente de mudança social? Ela contribui para melhorar a vida das pessoas? Ela aperfeiçoa a capacidade de o homem interagir com o ambiente, sem agredi-lo? Enfim, a química é boa ou má?

A proposta desta obra é trilhar algumas linhas, a fim de responder a essas questões. Para tanto, este livro procura:

1) mostrar a evolução do conhecimento químico, desde as artes químicas das civilizações antigas até a ciência moderna, que alia a compreensão do universo ao imediato impacto tecnológico de suas descobertas;

2) discutir variados aspectos da química dos materiais, com a qual o aluno se envolve pouco durante as aulas formais;

3) apresentar informações sobre descobertas químicas que alteraram a economia de um determinado país e mudaram hábitos pessoais de consumo.

O conjunto dos fatos e ideias expostos pretende ser complementar aos livros didáticos de química do ensino médio. O aluno poderá usá-lo para aperfeiçoar seus conhecimentos, ou como fonte de consultas. Aqui, o professor encontrará detalhes para ilustrar suas aulas, com minúcias históricas e técnicas. Ele terá, à sua disposição, os subsídios para fixar seu ensino de acordo com o antigo trinômio: ciência, tecnologia e sociedade, ou com o novo: ciência, economia e comunicação.

O texto apresenta temas históricos, tecnocientíficos e socioeconômicos. Além disso, ele não se destina exclusivamente a estudantes, mas interessa a todos aqueles que anseiam por informações, pelo simples prazer de saboreá-las ou para dar bases sólidas às suas opiniões. Adicionalmente, os diversos assuntos aqui tratados podem ser objeto de estudos integrados, colocando o ensino de química a interagir com o das outras ciências naturais e também com o de história, geografia, estudos sociais e disciplinas de comunicação.

Os quatro capítulos iniciais desenvolvem aspectos de história da química. Os capítulos 1 e 2 mostram uma visão geral do progresso dessa ciência através do tempo. Os pontos de referência, os alquimistas e químicos apontados, foram escolhidos a fim de realçar e evidenciar detalhes do processo de transformação do conhecimento. Um grande elenco de alquimistas e químicos poderia ter sido incluído, mas foram mencionados apenas os mais marcantes. Sempre que o leitor sentir necessidade de se aprofundar em algum tópico — desses ou de outros capítulos — poderá se valer das sugestões para leituras complementares ou da bibliografia apresentadas no final do livro.

Os capítulos 3 e 4 detalham a vida de dois destacados químicos, Lavoisier e Pasteur, cujos trabalhos delimitaram idéias fundamentais, com as quais o estudante convive ao longo de sua aprendizagem. Muitos outros cientistas mereceriam também um capítulo, mas escolhemos esses dois como paradigma. Lavoisier fez uma "revolução científica", lançando as bases da química moderna. Pasteur foi um dos pioneiros da estereoquímica, da microbiologia e um dos fundadores da medicina moderna, através do reconhecimento dos micróbios como causadores de muitas doenças e do estabelecimento das bases químicas para o seu tratamento.

O capítulo 5 trata da química ligada à fotografia e a importantes materiais de emprego diário: cimento, vidros, tintas, sabões, detergentes e alimentos.

O capítulo 6 destaca os polímeros, versáteis e indispensáveis no nosso cotidiano. Além de ressaltar detalhes históricos importantes, reúne muitas peculiaridades sobre plásticos e fibras sintéticas mais usados. Algumas informações se repetem em vários tópicos, mas isso foi feito propositalmente, para que o leitor usufrua o máximo de conhecimento quando consultar um item específico.

O capítulo 7 enfeixa o conjunto e aborda a importância social da química, evidenciando o seu impacto na economia e na organização geral das nações. Responde a questões delicadas, como as que argumentam sobre suas "indisposições" em relação ao meio ambiente. O capítulo 8 é um exercício de futurologia, pois tenta prever o desenvolvimento da química, tomando por base realizações recentes. É, adicionalmente, uma manifestação sobre o significado social da química para o Brasil e um guia, caso o estudante considere a possibilidade de se tornar um profissional dessa ciência.

A utilização do livro certamente exigirá uma interação entre aluno e professor. Para não complicar a fluência do texto, fórmulas foram omitidas, mas os compostos foram designados por nomes oficiais ou consagrados. O diálogo do discente com seu mestre — sempre indispensável — poderá esclarecer as eventuais dúvidas. Não se pretende que o aluno do primeiro ano do ensino médio entenda tudo o que aqui é exposto. Mas espera-se — com certa dose de otimismo — que, ao avançar nas séries escolares, sua compreensão aumente de tal modo que seja capaz de uma leitura 100% proveitosa.

A expectativa contida nas entrelinhas é a de que o leitor, ao terminar o manuseio deste texto, esteja mais bem preparado para se manifestar, como cidadão, sobre os problemas químicos encontrados à nossa volta. Espera-se, também, que, a partir dos fatos aqui expostos, ele se convença de que os alquimistas e químicos fizeram o passado, preparam o presente e constroem o futuro...

1. As artes químicas surgem com a história

A QUÍMICA É O RAMO DA CIÊNCIA QUE ESTUDA AS TRANSFORMAÇÕES DA MATÉRIA. ESTAS ACONTECEM ATRAVÉS DAS REAÇÕES QUÍMICAS — MEDIANTE AS QUAIS UMA SUBSTÂNCIA SE TRANSFORMA EM OUTRA —, DE PROPRIEDADES MUITO DIFERENTES DAQUELAS INICIAIS. QUALIDADES MATERIAIS COMO RESISTÊNCIA AO CHOQUE, SOLUBILIDADE EM ÁGUA, CHEIRO, SABOR, COR, BRILHO, ESTADO FÍSICO (SÓLIDO, LÍQUIDO OU GASOSO) E A CAPACIDADE DE CONTINUAR REAGINDO PODEM SOFRER ALTERAÇÕES DRÁSTICAS.

Quando o homem voltou sua atenção pela primeira vez para as transformações químicas? Certamente ao observar o fogo, resultado de algum acontecimento fortuito. Deve ter sido muito surpreendente constatar que sob sua ação as madeiras sólidas se transformavam em cinzas quebradiças, e as rochas do solo chegavam a fundir, tomando a aparência de vidro ao resfriar. Rapidamente, o homem primitivo percebeu que podia tirar proveito da luz e do calor da queima da lenha: mais conforto em casa, na realidade uma caverna. O fogo afastou o medo da escuridão da noite, permitindo que o homem pudesse notar qualquer animal que se aproximasse na tentativa de atacá-lo. Com o fogo, também foi possível afugentar as feras que disputavam o espaço com ele. O calor permitiu cuidar melhor da prole e assegurar o seu crescimento. Graças a ele, o homem pôde habitar os lugares frios.

A alimentação também mudou com a utilização do fogo. As carnes, churrasqueadas em um braseiro, melhoravam de consistência e sabor e podiam ser conservadas por mais tempo. O cozimento mata as bactérias responsáveis por doenças, e, devido a essa ação saneadora, o índice de mortandade provavelmente deve ter diminuído. Tigelas primitivas e outros artefatos de barro, sob ação do fogo, tinham sua superfície vitrificada e se tornavam mais resistentes, não desmanchando tão facilmente quanto a argila crua. Todas essas melhorias decorreram das transformações químicas, isto é, das alterações da estrutura da matéria provocadas pelo calor.

As vantagens da química

Vemos todas as características peculiares à química nesse simples enumerar das vantagens adquiridas pelo homem com a utilização do fogo. Esse foi o primeiro passo rumo ao desenvolvimento. Essa ciência se liga ao cotidiano imediato e possibilita melhorar a qualidade de vida das pessoas. Se hoje contamos com roupas confortáveis, alimentação assegurada, fontes de energia para locomoção, tudo isso se deve ao tratamento químico de fibras naturais, aos produtos químicos naturais e sintéticos para a agricultura — que aumentam a produtividade e a saúde das colheitas —, aos combustíveis e aos lubrificantes extraídos de reservas fósseis (carvão, petróleo) ou de plantas (álcool da cana-de-açúcar, óleo de mamona).

É claro que os homens que pela primeira vez dominaram o fogo não tiveram noção de que executavam transformações químicas. O desenvolvimento da química como ciência teve de acompanhar todas as etapas de progresso da cultura humana. O saber do homem ampliou e chegou à forma atual à medida que o pensamento dos filósofos, o estudo e o conhecimento dos fatos da natureza foram aperfeiçoados, tornando possível a superação das visões sobrenaturais. Assim, as explicações baseadas em numerosos agentes e forças sobre-humanas deram lugar ao raciocínio e à observação, à descoberta de regularidades no comportamento dos materiais, que hoje são expressas na forma de leis, princípios, equações e propriedades gerais.

O homem progride junto com a química

A metalurgia é a atividade química que envolve a obtenção e a mistura de inúmeros metais, a partir de seus minérios, para a produção das chamadas *ligas metálicas* — e a sua posterior transformação em ferramentas, armas, etc. Curiosamente, operações metalúrgicas antecederam a invenção da escrita por cerca de 2 milênios, iniciando-se no sexto milênio a.C. O primeiro metal utilizado foi o ouro nativo, isto é, aquele encontrado quase puro, na forma de pepitas.

O quarto milênio a.C. teve grande importância na história da humanidade. Um importante feito foi a invenção da escrita na Suméria. Os sumerianos precederam os assírios e babilônios, na região da Mesopotâmia, que corresponde ao atual Iraque e seus vizinhos. Outro grande evento que caracteriza esse milênio refere-se à invenção da roda.

O bronze, uma liga de cobre e estanho, passou a ser usado em cerca de 3000 a.C., embora por volta do quinto milênio a.C. o homem já estivesse familiarizado com o cobre, que costumava ser encontrado na forma nativa.

Obtido de seus óxidos minerais, o ferro é conhecido desde o terceiro milênio a.C., mas só a partir de 1400 a.C. seu uso tornou-se frequente na confecção de inúmeros objetos. Esses feitos químicos são tão importantes que, até pouco tempo atrás, eram utilizados para classificar o desenvolvimento do homem em três períodos: a Idade do Cobre (anterior a 3000 a.C.), do Bronze (de 3000 a.C. a 1100 a.C.) e a do Ferro (de 1100 a.C. em diante). Modernamente, esse esquema de "idades" não é mais seguido, pois se verificou que o domínio da metalurgia e dos metais atingiu níveis variados em diferentes lugares do mundo, e, o que é mais importante, o desenvolvimento desse conhecimento foi mais complexo do que se supunha.

O homem domina os metais

Conforme mencionado, antes de 4000 a.C. só se conheciam os metais nativos — aqueles encontrados praticamente puros. Por isso, o ouro e o cobre, extraídos em pedaços da superfície do solo, eram trabalhados pelo método mais primitivo, o martelamento, que lhes dava a forma desejada e os endurecia. Ocasionalmente também podia ser encontrado ferro meteorítico. A cada ano, toneladas de meteoritos atingem a Terra. Muitos deles são constituídos de ferro quase puro. O homem primitivo algumas vezes usou desse material, literalmente uma "dádiva do céu".

Entre os anos 4000 e 3000 a.C., o conhecimento e uso de metais nativos se estendeu à prata e às ligas naturais de ouro e prata. Mas, o que é muito relevante, aprendeu-se a extrair cobre e chumbo dos seus minérios. A experiência ensinou que, misturando rocha com carvão e fazendo uma fogueira dentro de um buraco cavado no solo, havia possibilidade de separar o metal. Como vários minérios então usados eram óxidos metálicos, o procedimento descrito determinava a formação de gás carbônico (dióxido de carbono), deixando o metal livre.

Estendendo suas observações e ampliando sua experimentação, o homem primitivo empregou, adicionalmente, minerais que são sulfetos metálicos, como a galena (sulfeto de chumbo). Submetida à queima com carvão, a galena também lhe fornecia o metal livre. Hoje sabemos que nesse caso o carvão fornece o calor, através de sua combustão, e o enxofre do sulfeto reage com o oxigênio do ar, deixando livre o metal chumbo. Na linguagem atual, chamamos esse processo de *ustulação*.

Um atestado da inventividade humana é que, nesse período, aprendeu-se a construir moldes de pedra ou mesmo de metal. O metal fundido, ao ser derramado no interior do molde, tomava sua forma após o resfriamento e a solidificação. Assim se iniciaram as técnicas de fundição.

Algumas vezes, a curiosidade do metalurgista primitivo levou-o a tentar obter o metal a partir de misturas de diversas rochas encontradas na sua região. Com isso, ligas de cobre e arsênico foram preparadas por acaso e se mostraram mais duras do que o cobre puro. Isso permitiu ao homem se propor a deliberadamente impurificar o cobre para melhorar as qualidades de trabalho dos metais e dos objetos com eles fabricados.

Entre 3000 e 2000 a.C., o estanho foi obtido de seus minérios, entre os quais a cassiterita (óxido de estanho) é muito abundante. Logo se verificou que adições de estanho ao cobre produziam um material fácil de ser transformado em peças de diversas formas. Assim, nasceu o *bronze*, uma liga cobre-estanho usada até hoje. Adicionando outros metais a essa liga, prepararam-se diferentes tipos de bronze. Nessa etapa, desenvolveram-se técnicas simples de joalheria, como estampagem, solda, rebitagem e coloração de superfícies. Aprendeu-se a fazer arames, cortando finas tiras de folhas metálicas, obtidas, por sua vez, do martelamento do metal.

Um desenvolvimento muito importante foi o da técnica chamada *copelação*, que permitiu extrair prata do chumbo. Isso é possível porque a prata é uma contaminação comum do chumbo, tendo em vista que jazimentos naturais de galena contêm frequentemente argentita (sulfeto de prata). Portanto, após a ustulação da galena, o chumbo preparado contém prata. A copelação consiste em aquecer o chumbo sob forte corrente de ar. Esse metal reage com o oxigênio do ar e forma óxido de chumbo, enquanto a prata continua inalterada no seu estado metálico. O óxido de chumbo tem a aparência de uma escória (cinzas) bastante leve. Soprada pela corrente de ar, ela deixa a prata livre. Por sua vez, o óxido pode ser misturado com carvão e queimado para fornecer novamente o chumbo, dessa vez mais puro, já que foi separado das impurezas.

Entre 2000 e 1000 a.C. prepararam-se bronzes com alto teor de estanho. Essas ligas tinham a propriedade de refletir intensamente a luz, e, assim, começaram a ser fabricados os primeiros espelhos. Nas fundições, foi introduzido o fole, que possibilitava soprar maior quantidade de ar, fornecendo, portanto, mais oxigênio ao carvão, o que aumentava a temperatura da queima e fazia crescer a eficiência de produção de metais.

Nessa época, aprendeu-se a controlar o conteúdo de carbono no ferro. Com isso, nasceu o aço, um ferro que contém até 1,7% de carbono. Pode ser moldado a quente e é muito duro a frio. Isso não acontece com o chamado *ferro fundido*, que tem maior conteúdo de carbono (até 4,5%) e é muito mole. Nesse período, os hititas, na Ásia Menor, dominavam a tecnologia da fabricação do aço, conseguindo lâminas de alta qualidade para suas espadas. Contudo, por ser bastante raro, o ferro transformou-se em metal precioso.

No período de 1000 a.C. até o início da Era Cristã foi possível obter o mercúrio de suas rochas e descobriu-se que vários metais nele se dissolviam. Surgiu, assim, o conhecimento da formação das amálgamas, ligas de mercúrio com vários metais. A amálgama de prata e estanho é usada pelos dentistas para obturar cavidades dentárias. Contudo, na época mencionada, uma das aplicações das ligas mercuriais era a douração do bronze e da prata, pela aplicação de uma amálgama de ouro.

A técnica de cunhagem de moedas passou a ser desenvolvida por volta de 700 a.C. O aparecimento delas, com valor de troca garantido por inscrições ou efígies, desempenhou um papel importante na organização da sociedade e no intercâmbio entre os povos. Vemos aqui mais uma manifestação do inter-relacionamento entre a química e a sociedade, pois sem técnicas de obtenção e manuseio de metais as moedas não existiriam.

Resumo do desenvolvimento da química (I)

Podemos resumir as informações vistas até aqui agrupando-as por época, mas sem a preocupação de representar uma escala precisa.

**A EVOLUÇÃO DA QUÍMICA
(DE 6000 A.C. ATÉ INÍCIO DA ERA CRISTÃ)**

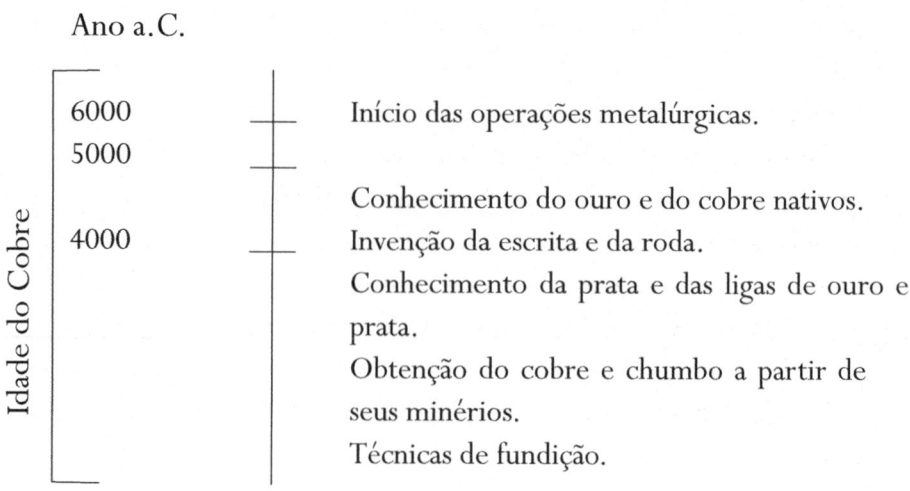

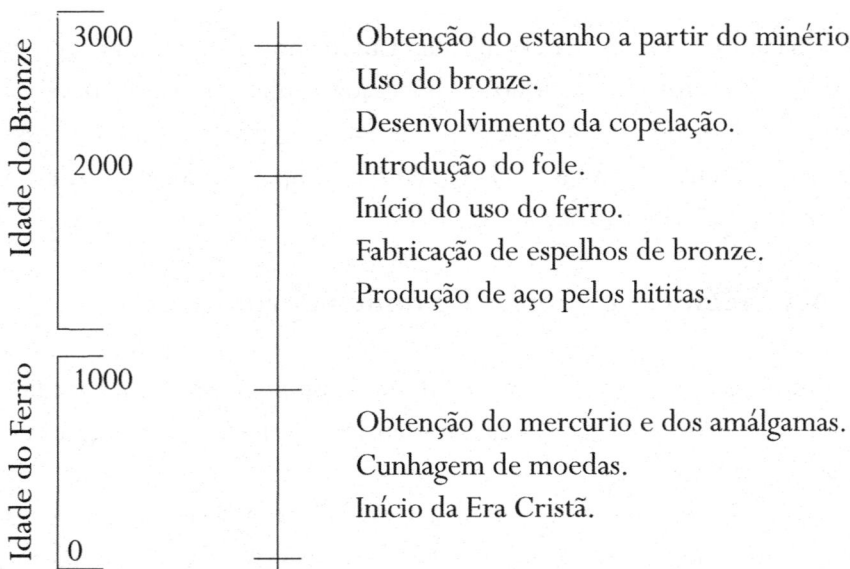

A química melhora os alimentos do homem primitivo

No transcorrer da história, alguns avanços se tornaram realidade na química dos alimentos. Aprendeu-se muito cedo que a *salga* (adição de grandes quantidades de cloreto de sódio, extraído da água do mar) de carnes permitia conservá-las por muito mais tempo. Outra técnica de preservação de carnes, a *defumação* (exposição ao calor da fumaça), foi também desenvolvida.

A descoberta da fermentação* de sucos naturais teve sua importância, pois permitiu a preparação de vinhos (inicialmente de tâmara e uva) por volta de 4000 a.C. Na Mesopotâmia, a cevada cresce em forma selvagem. Há referências que por volta de 6000 a.C. se fabricava cerveja pela fermentação de seus grãos. Em 4000 a.C., a técnica da fabricação da cerveja era completamente dominada, havendo a produção de vários tipos dessa bebida. Ao longo de sua história, os egípcios a usaram em festas religiosas e até como medicamento.

---

* A fermentação é uma reação química pela qual, a partir da quebra de moléculas de açúcares — os quais estão sempre presentes nos sucos de frutas —, formam-se gás carbônico e álcool etílico. É catalisada por substâncias naturais, as enzimas, produzidas por microrganismos. Destes, os mais comuns são plantas unicelulares, classificadas entre os fungos e pertencentes ao gênero *Saccharomyces*.

Quando se aponta, na atualidade, a biotecnologia (usando microrganismos alterados na execução de operações químicas) como uma via importante de progresso no futuro próximo, em geral se ignora que essa ideia, em diferentes graus de conhecimento e complexidade, acompanha o homem desde a pré-história.

Mais técnicas químicas do homem primitivo

Outros feitos químicos importantes da Antiguidade incluem a técnica de vidrar superfícies de cerâmica para fabricar azulejos e a produção de pigmentos e tintas.

Os pigmentos que conferiam a cor às tintas eram obtidos de diferentes minerais, como calcários (carbonatos, brancos), argilas (silicatos, várias cores) ou carvão (carbono, preto). Foi possível observar também que muitas

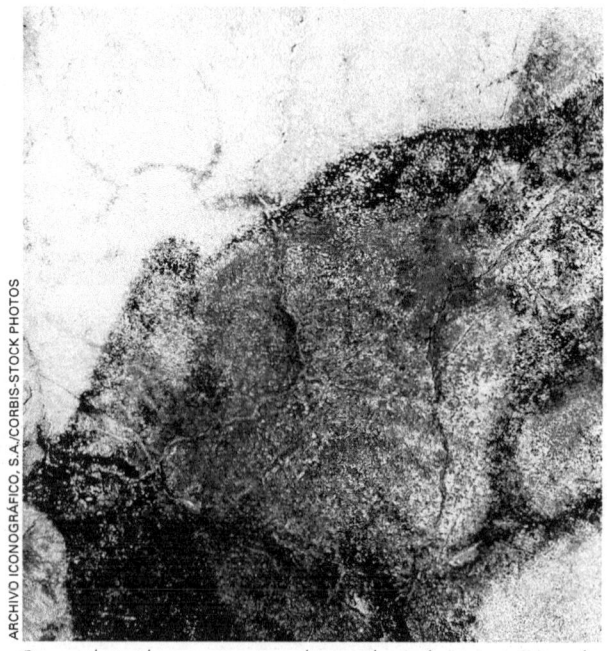

Com argila úmida e carvão misturado a gordura, o homem pintou esse bisão na caverna de Altamira, na Espanha, entre 15000 e 10000 a.C.

No Piauí, as tintas primitivas permitiram um registro de duração milenar das atividades — e até dos sentimentos — dos primeiros habitantes da região.

rochas, facilmente reduzíveis a pó, eram encontradas nas cores vermelha, amarela ou verde. Por exemplo, óxidos naturais de cobre podem se mostrar verdes ou azuis. O homem preparava as tintas misturando os pigmentos com goma-arábica (uma resina vegetal), clara de ovo ou cera de abelha.

Desenhos feitos com essas tintas primitivas podem ser encontrados na região de São Raimundo Nonato, no Piauí, e, segundo datações recentes, remontam a cerca de 40 mil anos, o que os coloca em uma posição de maior antiguidade que os achados em cavernas espanholas e francesas.

2. Alquimistas e químicos

No capítulo anterior, vimos quais as atividades químicas executadas pelo homem há muitos milênios. Agora, seguiremos uma cronologia do desenvolvimento da química.

Das artes químicas à alquimia

Se tomarmos como ponto de partida cerca de 2 milênios antes da Era Cristã, constataremos que no período até 300 d.C. já existiam práticas que podem ser chamadas de "artes químicas". Operações químicas eram executadas por artesãos que possuíam um conhecimento eminentemente prático. Os egípcios, por exemplo, estão incluídos entre os povos capazes de preparar a liga metálica chamada *bronze*, cuja receita eles herdaram de seus ancestrais. Segundo alguns historiadores, o bronze é a liga metálica mais antiga de que o homem tem conhecimento. Sua descoberta provavelmente deve ter sido acidental e realizada por alguém que observou sua formação quando da fusão de minérios que continham, simultaneamente, cobre e estanho.

Os egípcios sabiam trabalhar muito bem o ouro, como pode ser visto na magnífica máscara mortuária do faraó Tutankamon (c. 1371- c. 1352 a.C.). Além disso, adquiriram o domínio da prata e do vidro, executavam destilações e sabiam extrair produtos naturais, isto é, substâncias contidas nas plantas. A vaidade estava presente na vida dos egípcios, pois eles sabiam preparar inúmeros cosméticos. Cleópatra (69-30 a.C.), a mais lendária das rainhas, que na sequência da dinastia do Egito foi Cleópatra VII, já pintava o contorno dos olhos. Para tanto, usava um material fornecido por seus consultores de beleza: um preparado à base de sulfeto de antimônio.

Máscara mortuária do faraó Tutankamon. Feita de ouro, esmalte, vidro e minerais (lazulita, feldspato, cornalina, alabastro e obsidiana), é um exemplo do domínio egípcio nas "artes químicas".

No período de 300 a 1400 d.C. floresceu a alquimia. Seus praticantes, os chamados *alquimistas*, eram homens que, em geral, tinham o domínio das técnicas de metalurgia. Sabiam obter diferentes metais de seus minérios e colocá-los na forma final de utilização. O importante é que desenvolviam trabalhos em laboratório, executando experiências e acumulando observações.

A alquimia se desenvolveu a partir do conhecimento prático existente e, fortemente influenciada por idéias místicas, procurou explicar, de forma racional, como acontecem as transformações da matéria. Os alquimistas ficaram famosos pela busca da pedra filosofal e do elixir da longa vida. Essas substâncias conseguiriam feitos notáveis, como a transformação de metais em ouro ou a imortalidade. Apesar desses sonhos inatingíveis — nenhum desses idealistas conseguiu a pedra ou o elixir —, os alquimistas foram muito mais importantes do que se imagina ou do que se fantasia. Graças às suas descobertas, muitas substâncias passaram a ser conhecidas, e procedimentos químicos artesanais foram aperfeiçoados. Além disso, eles contribuíram para que alguns remédios fossem desenvolvidos.

Técnicas de purificação, comuns em laboratórios de pesquisa e em indústrias, como a destilação e a sublimação, foram aprimoradas pelos alquimistas. Devemos a eles a descoberta do ácido acético, obtido do vinagre, e do ácido clorídrico, produzido pela reação do ácido sulfúrico com o cloreto de sódio, o tão conhecido sal de cozinha.

Alquimista em seu laboratório. Gravura de Victor Texier. Biblioteca Nacional.

Os alquimistas retomaram uma ideia cuja discussão havia sido iniciada por filósofos gregos, mais ou menos em 500 a.C. Trata-se da concepção de que tudo é constituído de elementos, os quais são os princípios fundamentais comuns às diversas substâncias. Os gregos se inspiraram em ideias que vinham da Mesopotâmia, segundo as quais o mundo é formado por opostos: masculino e feminino, quente e frio, molhado e seco.

Os mesopotâmios acreditavam ainda que existia um paralelismo entre o *macrocosmo* — o Sol, a Lua e as estrelas — e o *microcosmo* — o ser humano.

Dessa forma, eles achavam que, se fosse possível uma compreensão das formas de interação entre os corpos do universo, conseguiriam o domínio do funcionamento do organismo vivo.

Os gregos, em particular Empédocles (490-430 a.C.), haviam proposto quatro elementos: terra, água, ar e fogo. Esses elementos resultavam, por sua vez, de quatro qualidades, duas a duas, antagônicas: seco e úmido, quente e frio. Aristóteles (384-322 a.C.) foi o sistematizador dessa teoria e os alquimistas sofreram sua influência, pelo estudo de suas obras. Para Aristóteles, existiria uma matéria-prima, que constituiria a base de todas as substâncias. Essa matéria-prima seria formada por átomos dos quatro elementos. Cada um dos átomos seria formado por duas das quatro qualidades, e o conjunto, disposto em dois pares antagônicos (terra/ar e fogo/água), seria representado da seguinte forma:

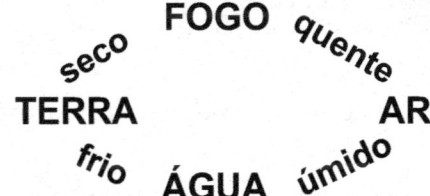

As mudanças da matéria proviriam das mudanças de qualidades e de formas. A transmutação, por exemplo, do elemento fogo (formado pelas qualidades seco e quente) em terra (constituída por seco e frio) se resumiria em alterar uma dessas qualidades, isto é, quente para frio.

Os alquimistas árabes, entre os séculos VII e X d.C., ampliaram as ideias gregas, propondo uma outra teoria da constituição da matéria, que adicionava dois princípios aos quatro elementos, o mercúrio e o enxofre. No século XVI, um terceiro princípio, o sal, se uniu aos dois primeiros. O princípio mercúrio seria responsável pela fluidez e pelo brilho metálico, o enxofre pela combustibilidade e o sal pela estabilidade.

Essa teoria de três princípios resistiu até o advento da química moderna, a qual mostrou que tudo o que existe na natureza, dos minerais ao homem, das plantas aos planetas, é constituído exatamente por noventa elementos químicos. Os estudos sobre a radioatividade permitiram sintetizar, depois de 1950, cerca de vinte outros elementos, portanto "não-naturais".

Equipamento para a destilação de ácido nítrico, uma atividade alquímica quase industrial. Um uso importante do ácido consistia em separar a prata e o ouro.

A iatroquímica, precursora da química médica

Uma etapa muito importante do desenvolvimento da alquimia se desenrolou entre 1400 e 1600. Foi o período em que seus adeptos passaram a se preocupar com a cura das doenças através das substâncias químicas. Nasceu assim a iatroquímica, a precursora distante da moderna química médica.

Na época em que o Brasil foi descoberto, surgiu na Europa a figura mais importante desse ramo alquímico, que assinava seus trabalhos sob o pseudônimo de Phillipus Aureolus Paracelsus, cujo nome verdadeiro era Theophrastus Bombastus von Hohenheim (c. 1490-1541). Paracelsus se preocupou com o progresso da medicina, embora algumas de suas práticas fossem contaminadas pelo misticismo da época, o que implicou muitas observações e avaliações erradas. Admitia que o homem é feito dos três princípios anteriormente mencionados — sal, enxofre e mercúrio —, de cuja separação resultariam as doenças. Seu trabalho teve muitos aspectos positivos, como a introdução das tinturas, isto é, extratos alcoólicos, sendo o pioneiro no uso de remédios à base de ópio e de substâncias inorgânicas, como mercúrio, ferro, enxofre, chumbo, arsênico e sulfato de cobre. Várias dessas substâncias, devidamente formuladas, fazem parte do receituário médico de hoje. É o caso do ópio (sedativo), do ferro (antianêmico) e do enxofre (antimicótico, especialmente de uso veterinário). Outras foram usadas até meados do século XX e substituídas por novos produtos resultantes dos avanços da química.

A química no século XVII

A partir do século XVII surgiram cientistas que desencadearam decididamente o progresso químico. Foi o caso do inglês Robert Boyle (1627-1691), que estudou o comportamento dos gases e estabeleceu a chamada *lei de Boyle*. Essa lei afirma que o produto da pressão (P) de um gás pelo seu volume (V) é uma constante (k), na condição de temperatura (T) constante. Em formulação matemática, $PV = k$, em T constante. Boyle foi também um crítico das ideias de sua época e escreveu um livro muito importante: *The Sceptical Chemist* (*O químico cético*), no qual censurou qualquer tipo de mistificação — apontada como obstáculo para o conhecimento científico — bem como as concepções errôneas de elemento químico que vigoravam naquela época. Além disso, valorizou o papel da experimentação. Embora ele mesmo não fosse capaz de propor um conceito adequado para elemento, fez clara distinção entre misturas e compostos. Sugeriu que a matéria é constituída por corpúsculos (que hoje chamamos átomos) de diferentes tipos e tamanhos. Afirmou que uma substância pode ter propriedades diferentes daquelas dos seus constituintes e que os mesmos elementos podem formar compostos diferentes.

Essas ideias boyleanas causaram grande impacto. As pessoas tornaram-se conscientes da possibilidade de encarar a natureza sem mistérios ou mistificações. Ficou claro que se pode obter respostas às questões propostas pela química, através de experimentos bem planejados. Juntamente com as concepções mecanicistas que começavam a dominar a física, as ideias de Boyle não deram espaço para o pensamento mágico dos alquimistas. Com o fim da alquimia, surge a revolução química do século XVIII, sob a liderança da grande figura de cientista personificada em Lavoisier, que iniciou um novo modo de pensar a natureza e as transformações da matéria.

A química no século XVIII

Ao longo do século XVIII, a experimentação química sofreu grandes desenvolvimentos. O mais importante foi a substituição dos ensaios *a via seca* por ensaios *a via úmida*. As experiências por via seca consistiam na mistura de inúmeros sólidos, em variadas proporções, seguida de aquecimento. Devido à precariedade dos equipamentos da época, em especial a ausência de termômetros para o controle da temperatura, os resultados eram pouco reprodutíveis. O estudo das reações por via úmida, isto é, com as substâncias em estado líquido ou dissolvidas, permitiu a dissolução de quantidades conhecidas de sólidos e determinações fáceis e precisas de volumes. Além disso, ensejou o trabalho em temperaturas baixas, sem recorrer a fornalhas. Nessas condições brandas, as substâncias — especialmente as de origem vegetal ou animal — não se decompõem tão facilmente quando sob a ação das chamas.

Entre os feitos químicos do século XVIII destacam-se a isolação de elementos gasosos (o nitrogênio, o cloro, o hidrogênio e o oxigênio), a obtenção do açúcar da beterraba, por Andreas Sigismund Margraaf (1709-1782), na Alemanha, e a descoberta, com caracterização precisa, de muitos elementos químicos: cobalto (1735), platina (1740-1741), zinco (1746), níquel (1754), bismuto (1757), manganês (1774), molibdênio (1781), telúrio (1782), tungstênio (1785) e cobre (1798).

A platina provinha da América do Sul, mais precisamente da Colômbia, onde era conhecida dos astecas, que a utilizavam na fabricação de espelhos. Os espanhóis, de início, pouca importância deram a esse metal, chamando-o pelo nome depreciativo de *pratinha* (em espanhol, *platina*). Hoje, eletrodos inertes de equipamentos de laboratório e catalisadores industriais estão baseados nesse elemento químico.

Sem dúvida, o químico mais marcante do século XVIII foi Antoine Laurent Lavoisier (1743-1794). No capítulo 3, a vida e a obra desse eminente cientista serão tratadas com mais detalhe. Podemos afirmar que com a publicação do seu *Traité Elementaire de Chimie* (*Tratado elementar de química*), em março de 1789, tem início a fase moderna dessa ciência.

Ao longo do seu trabalho, Lavoisier demonstrou que o oxigênio do ar é responsável pelas combustões. Estabeleceu o princípio (ou lei) da conservação da matéria, alicerce para outras leis ponderais da química. Deu base científica para a nomenclatura química, traçando as linhas gerais de um procedimento adotado até hoje. Lançou fundamentos da análise elementar orgânica e tornou-se também o pai da bioquímica ao estudar, com detalhes, a fermentação e a respiração. Tendo em vista a atividade organizadora e inovadora dos conhecimentos existentes na sua época e a importância das investigações realizadas, muitos historiadores da ciência afirmam que esse grande químico desencadeou uma "revolução química".

Os contemporâneos de Lavoisier, fortemente influenciados por ele, deram continuidade à sua obra: Guyton de Morveau (1737-1816), Antoine F. de Fourcroy (1755-1809), Claude Louis Berthollet (1748-1822) e Armand Seguin (1765-1835). Colaboradores e seguidores do mestre, foram responsáveis pela supremacia da França, nas primeiras décadas do século XIX, no cenário químico mundial.

A química no século XIX

No século XIX, muitos químicos desenvolveram trabalhos importantíssimos. Para não tornar extensa a sua enumeração, vamos apontar, como marcos destacados, Liebig, Mendeleiev, Kekulé e Pasteur.

Justus von Liebig (1803-1873), além de ter contribuído para a sistematização da química orgânica, teve influência decisiva na criação da profissão de químico. O primeiro químico a ganhar a vida, graças a seus conhecimentos especializados, foi Joseph-Louis Gay-Lussac (1778-1850), que prestou assessoria a diversas fábricas. Porém, devemos a Liebig o estabelecimento da primeira escola de formação de químicos, na Universidade de Giessen, Alemanha, em 1825. Os mais eminentes químicos do mundo no século passado se formaram na Escola de Liebig, ou ali foram aperfeiçoar seus conhecimentos, e atuaram como multiplicadores da disseminação do saber químico. Como veremos no capítulo 7, esse centro educacional científico contribuiu decisivamente para a supremacia econômica que a Alemanha viria assumir na virada do século XIX.

Dmitri Ivanovitch Mendeleiev (1834-1907) concretizou a tabela periódica. Embora outros investigadores tivessem percebido propriedades comuns a vários elementos, foi Mendeleiev que enunciou a lei periódica de forma bastante precisa. Isso lhe possibilitou fazer previsões sobre as propriedades dos elementos químicos gálio, escândio e germânio, que ainda estavam por ser descobertos.

Friedrich August Kekulé von Stradonitz (1829-1896) permitiu que se estabelecesse a estrutura das moléculas orgânicas, isto é, aquelas que contêm cadeias de átomos do elemento químico carbono. Kekulé teve sua formação na escola de Liebig, concluindo seu doutorado na Universidade de Giessen, em 1852. Seu feito maior foi a inspirada proposição da estrutura da molécula do benzeno, sugerindo, acertadamente, que os seis átomos de carbono se organizam em um anel, alternando duplas e simples ligações. Consta que Kekulé, ao adormecer sentado diante de uma lareira, teria sonhado com um símbolo alquimista, a serpente Ouroboros, que morde a própria cauda. Isso teria sugerido a ele a alternância das ligações duplas (a boca) com as simples (a cauda).

Ouroboros, a serpente que morde a própria cauda. Representava para o alquimista o porvir, o que não tem começo nem fim.

Louis Pasteur (1822-1895) pode ser apontado como o grande sistematizador químico do século XIX. Pasteur encarou a química como a ciência que fornece muitas vias de bem-estar à humanidade. Seus estudos se voltaram para a produção da vacina antirrábica, o tratamento das moléstias de animais e das doenças que afetam as plantas na agricultura. Pasteur foi um dos pioneiros na demonstração da possibilidade da quimioterapia, isto é, do tratamento das doenças por intermédio de substâncias químicas, aplicando-a em seres humanos e animais. A microbiologia nasceu com suas experiências, que visavam contradizer a teoria da geração espontânea. Investigando a natureza da isomeria óptica, Pasteur relacionou-a com estruturas moleculares dissimétricas. Assim, sua atividade marcou a química, a biologia, a medicina, a veterinária e a agronomia. No capítulo 4, a vida e a obra desse eminente químico serão examinadas com maiores detalhes.

A química no século XX

No século XX a química e todas as outras ciências naturais tiveram um grande desenvolvimento. Com o esclarecimento da estrutura atômica, foi possível entender melhor a formação das moléculas, unidades fundamentais que se alteram em função das transformações químicas. Destacamos, entre as numerosas definições, que a química estuda as propriedades das substâncias e as suas transformações. Ainda que possa ser acusada de incompleta, essa definição realça o fato de a química ser uma ciência dos materiais. A imensa variabilidade das propriedades físicas e químicas das substâncias possibilita uma vida cercada de mais conforto e facilidades. Os esforços para produzir novos materiais são tão intensos que centenas de químicos trabalham hoje nos laboratórios de *pesquisa e desenvolvimento* (P&D) das grandes indústrias químicas. A mesma atividade ingente acontece em universidades ou instituições científicas.

Para caracterizar a química do século XX, entre os inumeráveis investigadores, salientaremos dois nomes, Staudinger e Pauling.

Hermann Staudinger (1881-1965) comprovou que moléculas pequenas podem se unir umas às outras, mediante reações químicas, originando uma molécula bem maior. Esse processo é chamado *polimerização*, e o produto, *polímero*. No capítulo 6, muitos detalhes dos materiais poliméricos serão apresentados. Staudinger constatou, no início da década de 1920, que moléculas biológicas importantes, como as constituintes do amido, da celulose e da borracha, são polímeros. A idéia de que uma molécula pode ter milhares de átomos encontrou, na época, forte oposição de químicos e de físicos. Porém, o estudo das reações desses compostos e a interpretação correta dos dados, obtidos por experiências de espalhamento de raios-X e difração de elétrons, confirmam os trabalhos de Staudinger. A partir da década de 1930, com o advento do náilon, os polímeros sintéticos passaram a ter importância crescente. Quase a totalidade dos tecidos usados atualmente no vestuário é de, ou contém, fibras artificiais entrelaçadas com o produto natural. O valor científico e material das investigações de Staudinger lhe valeu o Prêmio Nobel de Química de 1953.

Linus Carl Pauling (1901-1994) aplicou as teorias da física sobre a estrutura dos átomos para calcular o tamanho e a forma das moléculas. A partir dos seus estudos, não apenas a composição, mas a estrutura das moléculas e a natureza da ligação química têm sido tomadas como base para o entendimento da reatividade química. Pauling estudou desde moléculas muito simples até complicadas proteínas, desde problemas de valor acadêmico até os de interesse médico. Estimulados por suas sugestões, os químicos formularam e testaram, nas últimas décadas, muitas teorias sobre as uniões dos átomos nas moléculas e nos cristais. As que foram comprovadas têm fornecido indicações precisas para o desenvolvimento contínuo da química.

Pacifista convicto, Pauling chamou a atenção do mundo para a inutilidade, inconsequência e absurdo da Guerra Fria, que durou praticamente do fim da Segunda Guerra Mundial até o começo da última década do século XX, mantendo o mundo sob tensão e ameaça de destruição global através da "guerra nuclear". Pela atuação destacada em todas as áreas, Pauling teve reconhecidas sua capacidade de cientista, ao receber o Prêmio Nobel de Química, em 1954, e sua visão humanista, com o Prêmio Nobel da Paz de 1962.

No transcorrer de sua longa e marcante carreira, Pauling demonstrou a importância da preocupação social, indicando que um pesquisador só é completo quando desenvolve suas vocações de cidadão e cientista.

Resumo do desenvolvimento da química (II)

O que foi exposto a partir do primeiro resumo pode ser sintetizado da seguinte forma:

A EVOLUÇÃO DA QUÍMICA (INÍCIO DA ERA CRISTÃ ATÉ HOJE)

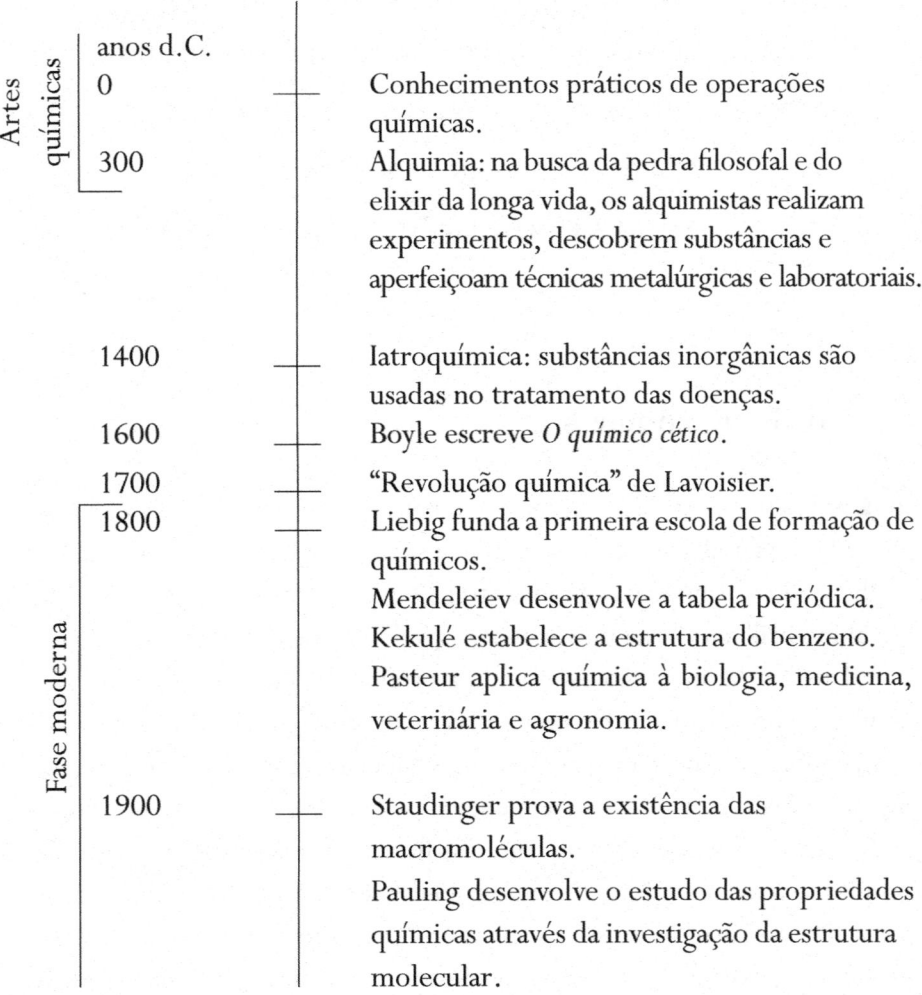

3. Lavoisier, revolução na química

NESTE CAPÍTULO VAMOS CONHECER DETALHES DA VIDA E
DAS IDEIAS DE UM QUÍMICO QUE MARCOU A HISTÓRIA DO
DESENVOLVIMENTO DA CIÊNCIA. SUAS EXPLICAÇÕES DERAM
NOVOS RUMOS PARA A INVESTIGAÇÃO QUÍMICA
E PARA A COMPREENSÃO DO MUNDO.

Lavoisier, o homem

Antoine Laurent de Lavoisier nasceu em 26 de agosto de 1743, em Paris. Filho de família abastada, teve uma esmerada educação, estudando nas melhores escolas francesas. Frequentou o Colégio Mazarin, onde se tornou um aluno brilhante e, na universidade, graduou-se em direito, em 1764.

Lavoisier acabou não exercendo a profissão de advogado, mas se notabilizou como cientista. De onde teria vindo sua aptidão para as ciências? Com a morte de sua mãe, quando contava apenas 5 anos de idade, passou a morar com a avó. A casa era frequentada pelo geólogo Jean-Etienne Guettard (1715-1786), considerado um dos fundadores da geologia moderna. Admite-se que Guettard contribuiu para despertar o interesse de Lavoisier pelas ciências. Esse interesse se aprimorou durante os estudos universitários, quando assistiu aos cursos de professores de grande prestígio na época, como o do matemático Nicolas Louis de Lacaille (1713-1762), do botânico Bernard de Jussieu (1699-1777), do químico Guillaume François Rouelle (1703-1770) e do próprio Guettard. Aqui vemos um aspecto interessante da versatilidade do sistema universitário europeu. Um aluno de direito segue cursos de ciência. Essa flexibilidade, admitida pelo conhecimento, que não distingue fronteiras entre ciências e humanidades, esteve sempre ausente do sistema universitário brasileiro.

Recém-graduado, Lavoisier apresentou o seu primeiro trabalho científico, em 1765, na Academia Real de Ciências. No ano seguinte, 1766, a academia promoveu um concurso sobre a iluminação pública de Paris, que naquele tempo era feita por lampiões a óleo. Lavoisier concorreu com seu trabalho: *Memóire sur le meilleur système d'eclairage de Paris (Relatório sobre o melhor sistema de iluminação de Paris)*. Esse relatório tratava do comportamento e da conveniência dos diferentes combustíveis. Nele, Lavoisier chegou até a apresentar um desenho detalhado das luminárias. Com isso, foi agraciado com o segundo lugar.

Admite-se que dessa época remonta o interesse de Lavoisier pela combustão.

Uma informação biográfica importante é o seu ingresso na *Ferme Générale*, em 1768. Tratava-se de uma associação de financistas que, no começo do ano, antecipava ao rei uma quantia correspondente àquela arrecadada pelos impostos. Em troca, recebia a autorização de promover a coleta de taxas e usar o dinheiro. Pode-se imaginar quanta corrupção e quantas trapaças envolviam uma sociedade dessa espécie. Não é difícil também adivinhar que tal associação era muito malvista pela população. Na organização social da França daquela época, os nobres, que constituíam o Primeiro Estado, junto com o clero (o Segundo Estado), estavam isentos de impostos. Estes eram pagos pelo Terceiro Estado, formado por aqueles que não eram nem da nobreza nem do clero.

Consta que a entrada de Lavoisier para a Ferme Générale causou um impacto muito negativo. Contudo, para alguns amigos ele teria declarado que assim procedera a fim de conseguir recursos financeiros necessários ao desenvolvimento de suas pesquisas. É importante destacar que Lavoisier montou seu laboratório com os melhores equipamentos disponíveis na época. Encomendava seus instrumentos de precisão aos melhores artesãos da França. Esse instrumental assegurava resultados corretos e de grande confiabilidade. Isso permitiu ao cientista promover o desenvolvimento de novas teorias e corrigir concepções errôneas. Essa é uma lição muito importante para nós brasileiros. Com improvisação, sem recursos adequados, sem equipamentos elaborados, pouca ou nenhuma ciência sairá de nossas fronteiras.

Lavoisier casou-se, em 1771, com a filha de outro *fermier* (membro da Ferme Générale), Marie Anne Pierrete Paulze (1758-1836). O casal não teve filhos e Marie Anne se tornou uma colaboradora inseparável do marido. Lavoisier não dominava idiomas e era sua mulher quem traduzia ou vertia textos em inglês. Madame Lavoisier foi aluna do pintor Jacques Louis David (1748-1825), autor de grandes painéis sobre temas históricos e de um belíssimo quadro, em 1788, que retrata o casal Lavoisier. Os desenhos de muitas publicações desse cientista foram realizados por Marie Anne, que chegou mesmo a fazer algumas das gravações em cobre utilizadas na impressão de seus livros.

Retrato do casal Lavoisier, pintado por Jacques-Louis David.

A preocupação de Lavoisier com a sociedade

Lavoisier foi um cientista que não se isolou em uma torre de marfim. Assumiu cargos públicos importantes e deu sua contribuição para a sociedade. Em 1778, foi nomeado *regisseur des poudres*, o que equivale a diretor de arsenal. De posse do cargo, melhorou a qualidade da pólvora francesa e acabou com uma lei que permitia ao rei o privilégio de sequestrar do celeiro de qualquer súdito o salitre, usado ao mesmo tempo como adubo e matéria-prima para pólvora. Em 1787, elegeu-se deputado pela Assembleia Provincial de Orléans.

Lavoisier defendeu a liberdade de imprensa e os direitos do cidadão. Apoiou a Revolução Francesa (1789), tendo sido nomeado secretário do tesouro, em 1791. Entretanto, à medida que a revolução tomava a feição das facções que disputavam o poder, seu prestígio entrou em queda, agravada pela sua manifesta inclinação pela monarquia. Foi preso e acusado de peculato, isto é, desvio de dinheiro público. Julgado e considerado culpado, foi guilhotinado na tarde de 8 de maio de 1794. Conta-se que, no dia seguinte, o grande matemático Joseph-Louis Lagrange (1736-1813) teria afirmado: "Não necessitaram senão de um momento para fazer cair essa cabeça e cem anos não serão suficientes para reproduzir outra semelhante".

Lavoisier, o cientista

Os trabalhos de Lavoisier abordam temas extremamente relevantes. Eles não só criaram uma escola de pensamento químico, mas também exibem uma característica fundamental da química, a de uma ciência básica cujas descobertas têm imensa importância prática e imediata aplicação.

Lavoisier esteve envolvido com a descoberta do elemento oxigênio, ao mesmo tempo que o inglês Joseph Priestley (1733-1804). Mas seus estudos mais destacados colocaram por terra a teoria do flogístico (ver pág. 38), como veremos adiante. Lavoisier fez a primeira análise quantitativa da composição da água. Contribuiu para o estabelecimento da nomenclatura química, segundo princípios utilizados até hoje. Procurou esclarecer as propriedades dos ácidos. Desenvolveu técnicas calorimétricas, determinando calores de reação e até mesmo o calor desprendido por um ser vivo (no caso foi utilizada uma cobaia). Executou investigações sobre a respiração animal e humana, sobre as fermentações acética (produção do vinagre) e alcoólica (produção do etanol). Em função desse notável conjunto de realizações, é considerado o "pai da química" e de seu ramo ligado à vida, a bioquímica.

Um dos seus textos fundamentais é o *Traité Élémentaire de Chimie* (*Tratado elementar de química*), publicado em março de 1789. Trata-se de um resumo de sua obra e ressalta um traço essencial da personalidade dinâmica de Lavoisier. Embora desenvolvesse seus trabalhos em uma academia de ciências, e não em uma universidade, mesmo assim, preocupado com futuras gerações, lançou um texto destinado à formação de novos químicos. O *Tratado elementar de química* é considerado o marco do nascimento da química em sua versão moderna.

A importância do princípio da conservação da matéria

Lavoisier foi um dos primeiros cientistas a registrar que as reações químicas acontecem sem variação de massa. Uma afirmação bastante clara nesse sentido pode ser encontrada no capítulo 13 da primeira parte do seu *Tratado elementar de química*. Referindo-se às reações químicas, diz: "Podemos estabelecer, como um axioma incontestável, que em todas as operações da arte e da natureza *nada é criado: existe uma quantidade igual de matéria antes e depois do experimento; a qualidade e a quantidade dos elementos permanece* precisamente *a mesma* e nada acontece além de *mudanças* e *modificações* nas *combinações* desses elementos".

No texto citado, algumas palavras estão destacadas para facilitar o entendimento e verificar a sua profundidade. Aqui pode ser apontado que o tradicional enunciado "Na natureza nada se cria, nada se perde, tudo se transforma" não é de Lavoisier, mas sim um resumo do Livro I do poema "De Rerum Natura" ("Sobre a natureza das coisas") do filósofo e poeta latino Lucrécio (Titus Lucrecius Carus), que viveu no século I a.C. (96-55 a.C.).

Aliás, essa afirmação também não é original de Lucrécio. Na realidade, ele se baseou nas ideias de um filósofo grego, Epicuro (341-270 a.C.), sobre a física e reconheceu esse fato no texto de sua obra.

A constatação do *princípio da conservação da matéria* foi fundamental para o estabelecimento das outras leis ponderais, que mostram as relações numéricas entre quantidades de reagentes e produtos ou entre as massas dos elementos nos diferentes compostos. Portanto, a lei de Lavoisier viabilizou a aplicação da matemática à química e os cálculos necessários para realizar análises quantitativas.

Em 1792, Jeremias Benjamin Richter (1762-1807) publicou um livro intitulado "Anfangsgründe der Stöchyometrie" (*Esboços de estequiometria*), que tinha como subtítulo "A arte de medir elementos químicos". Nessa obra ele propunha que, se duas substâncias de composição conhecida, AB e CD, reagem para formar um composto AC, então também deve se formar o composto BD, e as composições dos dois produtos, AC e BD, podem ser calculadas. Essa proposta resulta da aplicação do princípio de Lavoisier e expressa a lei das proporções recíprocas. Em 1799, o francês Joseph Louis Proust (1754-1826), responsável por um excelente laboratório em Madrid, durante o reinado do espanhol Carlos IV, mostrou que a composição do carbonato de cobre era sempre a mesma, independentemente do processo de preparação e da procedência. Isso no caso de amostras naturais, independentemente também da localização geográfica da jazida do mineral. A partir daí, nasceu a formulação da lei das proporções definidas (as proporções dos elementos em um dado composto são constantes).

As leis ponderais decorrem da constituição atômica da matéria. Como todas as substâncias são formadas por átomos e estes não são destruídos nas reações químicas usuais (só o são nos fenômenos nucleares, aos quais estão associados diferentes tipos de radioatividade), o número de átomos de cada elemento em um composto é definido. As quantidades totais de cada elemento se mantêm inalteradas, apesar das transformações químicas a que o sistema, isolado, possa estar submetido.

O relacionamento entre as leis ponderais e a teoria atômica remonta aos trabalhos de John Dalton (1766-1844), um professor primário de

Manchester, Inglaterra, autor no início do século XIX de um dos primeiros modelos de átomo na fase moderna da química.

Eudiômetro de aproximadamente 15 litros. Era usado para estudar a síntese da água, pela reação de hidrogênio e oxigênio, sob ação de centelha elétrica, que era obtida por uma máquina de Von Guericke. Gravura da senhora Lavoisier.

Lavoisier e a teoria do flogístico

A teoria do flogístico havia sido desenvolvida por Georg Ernst Stahl (1660-1734), a partir da influência de seu mestre, Johann Joachim Becher (1635-1682). Os alquimistas sempre encararam a combustão como perda de alguma coisa do corpo que queima, já que se observa uma chama que parece se desprender do material. Stahl chamou de *flogístico* o "espírito ígneo" que desprendia nas combustões. Para ele, quando um metal queimava, liberava o flogístico e restava a "cal" do metal. Esse processo deveria ser reversível. Acreditava-se que o carvão era formado de flogístico praticamente puro. Isso porque na queima ele quase desaparece, deixando pouquíssima cinza. Unindo a cal do metal ao flogístico, isto é, aquecendo o produto da combustão do metal com o carvão, a constatação era que, de fato, se regenerava o metal.

Embora as explicações baseadas no flogístico possam até mesmo parecer razoáveis, os seus propagadores praticamente não realizaram experimentações quantitativas sobre a combustão. Lavoisier foi um dos primeiros a executá-las, utilizando balanças de precisão para determinar as massas. É fácil conceber que, se o flogístico é liberado na queima, então o pedaço metálico deve ficar mais leve. Ora, a constatação é a oposta. A massa da suposta "cinza" (cal) metálica é sempre maior que a do metal de partida. Alguns dos defensores do flogístico tentaram sugerir que este deveria ter massa negativa, daí o ganho de massa quando da sua separação do metal.

A partir de experiências bem-controladas, medindo a variação de massa quando da combustão de várias substâncias simples com quantidades exatamente determinadas do oxigênio recém-descoberto, Lavoisier demonstrou que a queima é uma reação com o oxigênio.

Aquilo que os alquimistas chamavam de *cal do metal* na verdade é um novo composto, o óxido metálico. A regeneração da cal ao metal pode ser feita aquecendo-a com o carvão porque, sendo este constituído pelo elemento químico carbono, formará gás carbônico (dióxido de carbono) por combinação com o oxigênio do óxido, deixando o metal livre.

Portanto, a queima do metal e a redução de seu óxido novamente ao metal não são processos de troca de flogístico, mas reações do metal com o oxigênio do ar (queima) ou do carvão com o óxido metálico (redução ao metal). Essas idéias tiveram impacto sobre a concepção de elemento químico, pois até aquela época se imaginava que este seria formado pelo "espírito do elemento" mais flogístico. Como, por aquecimento, se perderia o flogístico e restaria a cal do elemento, o elemento puro seria impossível de ser preparado experimentalmente.

A partir do momento em que se provou que o flogístico não existe, ficou claro que se pode preparar em laboratório uma substância simples, isto é, aquela em que todas as suas partículas são constituídas pelo mesmo elemento químico.

O flogístico é o exemplo de uma teoria errônea, que consegue explicar uma constatação, mas que não resiste à comprovação através de experimentos detalhados. Foi uma teoria que teve sucesso e bastante aceitação na sua época, mas mostra que as pessoas podem ser enganadas pelas aparências. Esse caso nos deixa uma lição: devemos permanecer com o espírito crítico alerta, sem nos deixar levar por aspectos exteriores, mesmo diante de opiniões ilusoriamente razoáveis.

A nomenclatura química

A nomenclatura química sempre foi um problema. Atualmente são comuns "marcas de fantasia" que nada revelam da constituição química, como freon, para designar clorofluorocarbonetos, ou Orlon, para designar a poliacrilonitrila, um polímero usado em carpetes e tecidos de vestuário. Os alquimistas mantinham nomenclaturas sem bases científicas, em geral muito confusas, e que variavam de acordo com o país ou a região geográfica. Por exemplo, o ácido sulfúrico era chamado de *vitríolo*, o sulfato de cobre de *vitríolo azul*, o éter dietílico de *vitríolo doce*, o ácido clorídrico de *espírito do sal*, o dióxido de carbono de *gás silvestre* ou *ar fixo*, o carbonato de potássio de *tártaro*, o álcool etílico de *espírito do vinho* e o bicloreto de mercúrio de *sublimado corrosivo*.

Contudo, os químicos usam nas suas tarefas diárias, nos seus livros, nas revistas científicas e em todas as suas atividades de comunicação uma nomenclatura científica — da qual Lavoisier foi pioneiro — que revela a constituição das substâncias e é universalmente adotada, facilitando a aprendizagem e evitando dificuldades de compreensão.

A nomenclatura proposta por Lavoisier está baseada em idéias que outros químicos, entre os quais Guyton de Morveau, Berthollet e Fourcroy, já vinham desenvolvendo. A proposição era batizar um elemento químico de acordo com suas propriedades. Assim, o fósforo é um nome roubado do grego para designar "luminoso" (literalmente, "aquele que leva a luz"). O nome "oxigênio", que até então era chamado de *ar flogisticado*, significa "gerador de ácidos". Neste ponto cabe apontar um histórico erro de Lavoisier, pois ele supôs equivocadamente que todo ácido deveria conter oxigênio.

Os ácidos foram nomeados a partir de seus elementos, pela adição do sufixo *ico*. Consequentemente, do fósforo surge o ácido fosfórico. Se o mesmo elemento forma dois ácidos, aquele de menor conteúdo de oxigênio recebe o sufixo *oso* (ácido fosforoso) e o de maior, o sufixo *ico* (ácido fosfórico). Os sais são denominados a partir de seus ácidos. Aqueles derivados de um ácido cujo nome termine em *ico* terão seu nome terminado em *ato*. Aqueles derivados de ácidos terminados em *oso* substituirão esse sufixo por *ito*. Assim, por exemplo, o ácido fosfórico dá origem aos fosfatos e o ácido fosforoso, aos fosfitos.

Como já mencionamos, as regras de nomenclatura estabelecidas por Lavoisier e seus contemporâneos estão englobadas naquelas que a comunidade química internacionalmente adota em suas atividades educacionais, científicas e tecnológicas.

Outros destaques da obra de Lavoisier

É digno de nota o significativo número de ácidos — e de seus respectivos sais — estudados por Lavoisier: ácidos nítrico e nitroso, sulfúrico e sulfuroso, fosfórico e fosforoso, muriático (atualmente, clorídrico), fluorídrico, bórico, fórmico, acético, succínico, benzoico, láctico, prússico (atualmente, cianídrico) e málico.

Na montagem de aparelhos de precisão de laboratório, Lavoisier investiu muito tempo construindo gasômetros, grandes recipientes capazes de liberar quantidades controladas de gás. Hoje, através de medidas de pressão, temperatura e volume, podemos calcular as quantidades de gás sem dificuldade. Contudo, na época de Lavoisier, a única lei estabelecida para os gases foi aquela deduzida por Robert Boyle, em 1666. Ela indica que o produto da pressão do gás pelo seu volume é constante. Os gasômetros foram fundamentais para a investigação da combustão e de algumas reações que desprendiam gases.

No *Tratado elementar*, Lavoisier descreve equipamentos para medidas de densidade, calorimetria e aparatos para trituração, filtração, decantação, cristalização, sublimação, destilação simples, além de equipos para fusão, fornalhas e aparelhos para estudo da combustão e fermentação.

Um discípulo que atravessou o Atlântico

Um dos discípulos de Lavoisier foi o jovem Éleuthère Irénée (1771-1834), filho de um economista, Pierre Samuel du Pont de Nemours (1739-1817), muito ativo durante os episódios da Revolução Francesa.

Gasômetro construído por Lavoisier para medidas precisas de volumes e massas de gases. Foi muito empregado nos refinados estudos sobre combustão. Gravura da senhora Lavoisier.

O pai, Du Pont, foi um dos membros dos Estados Gerais, cujas tumultuadas e reivindicativas reuniões, em 1789, deflagraram o processo revolucionário. Com o apoio de Lavoisier, Du Pont propunha uma Monarquia constitucional e defendeu Luís XVI, em 1792. Após a execução do rei e as reviravoltas de poder da revolução, foi preso várias vezes e ganhou muitos inimigos. Procurando uma situação mais tranquila, emigrou com os filhos Éleuthère e Victor para os Estados Unidos, onde chegou em janeiro de 1800.

Éleuthère Irénée du Pont tinha trabalhado no aperfeiçoamento da pólvora francesa, juntamente com Lavoisier e Berthollet. A má qualidade e o alto preço da pólvora norte-americana lhe permitiram montar um rendoso negócio. Assim, em 1802, construiu uma fábrica de pólvora em Wilmington, no Estado de Delaware. É preciso notar que, naquela época, eram usadas quantidades significativas do explosivo para fins de mineração. A empresa, batizada de E. I. du Pont de Nemours & Cia., e dirigida pelos seus descendentes após sua morte, foi uma das pioneiras na produção de nitroglicerina e dinamite.

A partir de 1904, a Du Pont diversificou suas atividades, produzindo vernizes especiais, filmes fotográficos e produtos químicos para a agricultura. Seu grande sucesso, no século XX, foi na área de plásticos e fibras sintéticas (vários deles apresentados no capítulo 6) e comercializados com marcas como Orlon, Mylar e Dacron...

Atualmente, a empresa é uma das mais destacadas multinacionais do ramo químico e sua gestão não é mais realizada por membros da família Du Pont. O ponto importante é que representa o florescimento e frutificação de uma carreira, a de Éleuthère, desencadeada pelo mestre Lavoisier e cujas consequências atravessaram dois séculos.

4. Pasteur, um químico de muitos interesses

O TRABALHO DE PASTEUR ABRIU MUITOS CAMPOS NOVOS NA QUÍMICA E SEMPRE TEVE A PREOCUPAÇÃO DE ATENDER ÀS NECESSIDADES DA SOCIEDADE, ESPECIALMENTE NAS ÁREAS DE SAÚDE E ALIMENTAÇÃO. A ESTREITA RELAÇÃO ENTRE A QUÍMICA E A MEDICINA TEM COMO MARCO IMPORTANTE ESSE CIENTISTA. ALÉM DISSO, O RESULTADO DE SUAS INVESTIGAÇÕES TEVE CONSIDERÁVEL IMPACTO NA ECONOMIA, ESPECIALMENTE DA FRANÇA, PERMITINDO AO PAÍS MANTER PADRÕES DE EXPORTAÇÃO SIGNIFICATIVOS PARA O SÉCULO XIX.

Pasteur, o homem

Louis Pasteur nasceu na cidade de Dôle, na França, a 27 de dezembro de 1822. Frequentou as escolas primária e secundária em outra cidade, Arbois. Seus estudos superiores foram realizados no Colégio Real de Besançon, onde, em 1840, recebeu o título de bacharel em letras e, em 1842, o diploma de bacharel em ciências, no qual constava a qualificação de "medíocre" em química.

Em 1843, ingressou na Escola Normal Superior, em Paris. Ao frequentar as aulas de Jean Baptiste André Dumas (1800-1884), um dos fundadores da teoria atômica, sentiu-se motivado a aprofundar seus estudos em química. Vemos aqui que bons professores são essenciais para colocar em ação as potencialidades dos alunos capazes. Pouco depois, tornou-se assistente de Antoine Jerome Balard (1802-1876), que, em 1826, descobriu o elemento químico bromo. Recebeu o título de doutor em ciências, em 1847.

Através de intenso trabalho químico-experimental, Pasteur lançou as bases da estereoquímica, da microbiologia e da medicina moderna.

Pasteur teve um grande envolvimento com o trabalho experimental, aconselhando empenho máximo a seus discípulos. Consta que, até mesmo em seu leito de morte, teria recomendado a seus alunos: "É preciso trabalhar" (*Il faut travailler*). Outra afirmação célebre de Pasteur é a de que "o acaso só favorece a mente preparada".

Com essas palavras, pretendia dizer que o experimentador deve estar sempre atento ao seu empreendimento porque, no transcorrer da investigação científica, mesmo acontecimentos fortuitos podem sugerir novos caminhos. O vislumbre dessas rotas alternativas só estará ao alcance de quem possuir muito conhecimento acumulado e permanecer sempre alerta. Pasteur teve muitas ocasiões de verificar essa máxima.

Seus trabalhos envolveram investigações de grande interesse prático, como veremos a seguir. É importante destacar também que esses trabalhos representaram contribuições decisivas para criar pelo menos três campos importantíssimos do conhecimento humano: a estereoquímica, a microbiologia e a medicina moderna.

O reconhecimento da sociedade e da comunidade científica pode ser avaliado pelas distinções recebidas por Pasteur. Entre elas estão as indicações, em 1862, para a Academia de Ciências de seu país (da qual se tornou secretário permanente, a partir de 1887) e para a Academia Francesa, em 1874.

Sua significativa obra despertou a admiração mundial. Entre aqueles que prestigiaram seu grande intelecto está uma figura bastante conhecida da história do Brasil, o imperador dom Pedro II. O monarca brasileiro encontrou-se várias vezes com Pasteur, trocou correspondência e financiou algumas de suas pesquisas.

Tendo em vista o grande sucesso do desenvolvimento do soro antirrábico, foi realizada uma coleta internacional de fundos, para criar uma entidade que desse continuidade aos estudos de prevenção da doença. Assim, em 1888, estabeleceu-se o Instituto Pasteur, na França, que veio a desenvolver ramificações em vários países. Sua sede é um centro destacado de investigação em química médica e bioquímica.

Pasteur faleceu em 28 de setembro de 1895, após sofrer um segundo derrame cerebral (o primeiro havia sido em outubro de 1868, aos 46 anos).

Pasteur, o cientista

A estereoquímica é um capítulo importante da química. Ela procura avaliar as propriedades das substâncias, em função da posição relativa dos átomos nas moléculas, quando estas fazem parte de gases ou líquidos, ou das posições de átomos ou moléculas dentro de sólidos.

A estereoquímica deve muito a Pasteur, que, entre 1843 e 1849, investigou intensamente os ácidos tartárico e racêmico. Ambos eram obtidos a partir dos tártaros, depósitos que se formam nos barris de vinho. O químico alemão Eilhard Mitscherlich (1794-1863), aluno de Jöns Jakob Berzelius (1779-1848), mostrou que os dois ácidos têm a mesma composição química, a mesma densidade, e seus sais metálicos têm a mesma estrutura cristalina. A partir dessas constatações, Berzelius criou o conceito de isomeria.

A descoberta mais importante foi a de que o ácido tartárico desvia o plano da luz polarizada e o ácido racêmico, não.

O que é luz polarizada

A luz pode ser estudada como onda ou como partícula. Essa duplicidade corresponde ao que os textos didáticos chamam de *natureza dual da luz*.

Observada do ponto de vista material, a luz é composta de partículas, os fótons, e se propaga em linha reta. Os fótons vibram em direções perpendiculares à direção de propagação. Na luz natural, como a proveniente do Sol, ou artificial, como a das lâmpadas incandescentes ou fluorescentes, os fótons vibram em todas as direções, perpendiculares à direção de propagação. Após atravessar certos meios, chamados de polarizadores, os fótons passam a vibrar em uma única direção, também perpendicular à direção de propagação. Essas duas direções — a de vibração e a de propagação — definem um plano de polarização (ou de vibração) da luz.

Quando a luz é encarada como radiação eletromagnética, admite-se que estão associados a ela dois vetores — um vetor campo elétrico e um vetor campo magnético — mutuamente perpendiculares entre si e à direção de propagação. À medida que a luz se propaga, a variação simultânea dos dois vetores é senoidal. Na luz natural, todas as direções do vetor campo elétrico (e consequentemente do vetor campo magnético) são igualmente prováveis. Após passar por um polarizador, apenas uma direção do vetor campo elétrico (e, portanto, do campo magnético) passa a existir. Fica assim definido um plano que contém o vetor campo elétrico e a direção de propagação, que é chamado de *plano de polarização*.

Convém ter em mente que a melhor expressão é "plano de polarização", já que quando se fala em "plano de vibração" está se referindo aos fótons.

Certas substâncias, chamadas de opticamente ativas, são capazes de desviar o plano de polarização da luz. Essa interessante propriedade só é observada quando os átomos do composto estão arranjados de tal modo a formar uma molécula cuja imagem especular não lhe é superponível.

Como veremos no próximo item, dois compostos cujas moléculas tenham por única diferença o fato de uma corresponder à imagem no espelho da outra são chamados de *enantiômeros*.

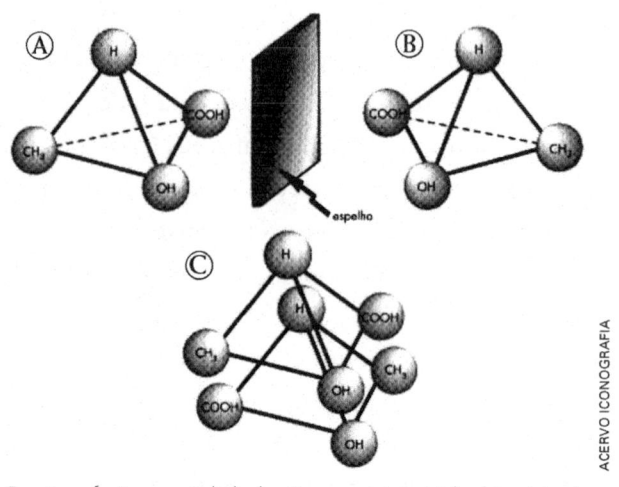

Enantiomorfia é a propriedade da não-superposição (c) do objeto (a) e de sua imagem no espelho (b). Os desenhos se referem à molécula do ácido láctico. O tetraedro representa o carbono assimétrico.

Pasteur e a simetria das moléculas

Retomando a história que estávamos acompanhando, é preciso esclarecer que os pesquisadores sabiam que o ácido tartárico e seus sais, os tartaratos, desviavam o plano da luz polarizada para a direita, o que no jargão de laboratório é resumido pela expressão "Possuir poder óptico dextro-rotatório". O ácido racêmico e seus sais, os racematos, não alteram o plano de polarização, ou seja, são *opticamente inertes*.

Pasteur examinou cerca de dezenove sais, diferentes do ácido tartárico. Observou que, quando cada uma dessas amostras se cristalizava, era formado o mesmo tipo de cristal. Porém, uma surpresa o aguardava quando recristalizou, a partir de uma solução aquosa a 28°C, um dos sais do ácido racêmico, o racemato de sódio e amônio. A mesma amostra formava, simultaneamente, dois tipos de cristal, cujas formas não coincidiam quando superpostas. Apesar de muito parecidas, uma delas correspondia à imagem da outra no espelho. Além disso, uma das formas era igual à que se produzia quando Pasteur recristalizava tartaratos.

Com muito cuidado, separou os cristais diferentes, utilizando-se de uma pinça. Ao dissolver em água a forma parecida com aquela que ele conhecia dos tartaratos, obteve uma solução dextro-rotatória, ou dextrógira, como seria esperado pela semelhança dos cristais. A outra forma cristalina, imagem especular da primeira, ao ser dissolvida em água, originava soluções levo-rotatórias, ou levógiras.

Acertadamente, Pasteur propôs que é a forma da molécula (que também é a responsável pela forma do cristal) que determina a sua ação sobre o plano de polarização. Em linguagem moderna, esse efeito é explicado como se segue. Em um composto, os átomos constituintes podem se distribuir na mesma seqüência, mas com arranjo espacial, tal que se obtenham duas moléculas cuja única diferença é que uma é igual à imagem especular da outra. Estruturas moleculares que satisfazem essa condição são chamadas de *enantioméricas* ou *dissimétricas* (esse é o termo originariamente proposto por Pasteur).

Atualmente, a designação *ácido racêmico* para a mistura opticamente inativa dos enantiômeros do ácido tartárico não é mais usada. Essa expressão foi generalizada e, por isso, chamamos de *racêmico, mistura racêmica*, ou *racemado*, a toda mistura, em partes iguais (e portanto opticamente inativa), dos enantiômeros dextrógiro e levógiro de um dado composto.

Muitas substâncias naturais importantes são opticamente ativas. É o caso dos aminoácidos, que fazem parte de proteínas vegetais e animais, e do temido colesterol, responsável pela formação de depósitos que entopem as veias dos seres humanos. É também o caso dos açúcares, responsáveis pelas moléculas que constituem o arcabouço dos vegetais, como a celulose (que é um polímero de glicose), e que entram na constituição dos nucleotídeos dos ácidos nucléicos — o DNA e o RNA — responsáveis pela informação genética.

Com seu trabalho com o ácido racêmico, Pasteur acabou sendo condecorado com a Legião de Honra, em 1853. Destaque-se que, nesse estudo, além do esforço envolvido, vemos também a manifestação do acaso, pois hoje é sabido que só o racemato de sódio e amônio (isto é, a mistura racêmica de tartarato de sódio e amônio), recristalizado a partir da solução aquosa a 28°C, é capaz de fornecer os dois isômeros com formas de cristalização diferentes. Essa separação espontânea dos isômeros dextrógiro e levógiro é conhecida apenas para cerca de dez substâncias! Pasteur, um trabalhador persistente, sistemático e atento, não deixou de tirar proveito de um detalhe observado fortuitamente.

Pasteur, a fermentação alcoólica e a cerveja

Terminada a investigação sobre a interação das substâncias com a luz polarizada, Pasteur iniciou um estudo sobre a fermentação alcoólica, em particular aquela voltada para a fabricação de cerveja. No preparo de bebidas alcoólicas, parte-se de um caldo rico em açúcares, obtido de uvas (vinho) ou de cereais (cerveja). Juntando-se fermento, os açúcares são convertidos em álcool etílico e gás carbônico. O gás escapa para o ambiente, como no caso da maioria dos vinhos, ou permanece parcialmente dissolvido, permitindo a formação das bolhas e da espuma da cerveja.

Nas cervejarias francesas, o processo de preparação resultava algumas vezes em uma bebida imprópria para o consumo. No esclarecimento desse fato, de grande importância aplicada, Pasteur lançaria as bases dos estudos sobre a fermentação, negaria a geração espontânea e inspiraria a assepsia hospitalar. Esse é um exemplo de interpenetração de diferentes ramos do conhecimento e do alcance dos experimentos bem-conduzidos.

Observando ao microscópio as cervejas boas e as ruins, Pasteur verificou que os fermentos que forneciam bebida boa tinham formas globulares, isto é, quase esféricas. Por outro lado, na bebida ruim, o fermento encontrado tinha uma forma alongada. Em 1857, Pasteur declarou que a fermentação é o resultado da ação de pequenos organismos vivos. Chamou a atenção para o fato de que, quando a fermentação falha, isso acontece porque o organismo necessário não está presente ou as condições de temperatura, acidez, composição, etc. não permitiram que eles crescessem normalmente.

Com essas opiniões, Pasteur manifestou suas posições em relação a uma grande controvérsia existente na época: não se sabia ao certo se organismos vivos eram essenciais para a fermentação. Grandes nomes como Berzelius, Liebig e Whöler se opunham a Pasteur. Contudo, Pasteur mostrou que o leite coalhava pela adição dos organismos extraídos da cerveja e permanecia inalterado se eles fossem excluídos.

Em 1876, Pasteur publicou seus *Estudos sobre a cerveja*, contribuindo para o estabelecimento de técnicas corretas de fabricação. Mas, como já foi mencionado, ao longo desse trabalho muitas outras ideias fundamentais tinham se desenvolvido, ampliando, assim, o conhecimento sobre fermentação. Já havia sido observado que as fermentações alcoólica e láctica podem ocorrer pela exposição da matéria-prima ao ar. Pasteur corretamente raciocinou que deveriam existir microrganismos no ar. Em outras palavras, organismos invisíveis estão sempre presentes na atmosfera.

A ideia de geração espontânea ainda era aceita naquela época. Admitia-se que moscas, por exemplo, poderiam se formar a partir de carne podre. Chegaram até a existir, na época, receitas de como se obter ratos a partir de trapos e pedaços de queijo! Com uma série de experimentos, que incluíam desde o uso de ar filtrado — passando-o através de um tubo cheio de algodão — até a exposição de líquidos não-fermentados à altitude de 2.000 metros, nos Alpes, Pasteur demonstrou que "todo organismo vivo provém de outro organismo vivo". Essa ideia enunciada em 1864, e o princípio da seleção natural, estabelecido por Charles Robert Darwin (1809-1882), viriam a ser os pilares fundamentais para o desenvolvimento da biologia.

Ainda em 1865, o cirurgião inglês Joseph Lister (1827-1912) tomou conhecimento das ideias de Pasteur sobre a ocorrência de microrganismos no ar e desenvolveu a antissepsia cirúrgica. Naquela época, muitas cirurgias eram malsucedidas, e ser submetido a uma delas equivalia a sustentar a vida por um tênue fio. Os fracassos se traduziam na morte de 45% — quase a metade — dos pacientes decorrente de problemas de infecções nos cortes. Admitindo que isso acontecia devido à presença de microrganismos no ar, conforme Pasteur tornara evidente, Lister conseguiu eliminá-los com sucesso, aplicando, inicialmente, soluções de fenol, então chamado de *ácido carbólico*. Algum tempo depois, Lister verificou que bastava a esterilização, pelo calor, de todo o material usado na cirurgia, para se conseguir a assepsia desejada.

Para destacar ainda mais a importância dessa conquista, basta citar a afirmação corrente nos dias em que Lister era apenas um estudante de cirurgia: "Um homem, estendido em cima de uma mesa de operação de um dos nossos hospitais, está mais exposto à morte do que um soldado no campo de batalha de Waterloo".

Só em 1897, dois anos após a morte de Pasteur, o químico alemão Eduard Büchner (1860-1917) e seu irmão, o bacteriologista Hans Büchner (1850-1902), descobriram que é possível extrair das células vivas uma substância responsável pela transformação dos açúcares em álcool. Um grande campo de investigação químico-biológica, a enzimologia, veio a se estabelecer a partir dos trabalhos dos pesquisadores aqui mencionados.

Pasteur e as atividades de produção

Mais uma vez preocupado com a indústria, as ideias de Pasteur levaram-no a estabelecer um processo designado por *pasteurização*. Utilizado especialmente para o leite e os produtos dele derivados, garante a ausência de microrganismos causadores de doenças. A pasteurização se resume no aquecimento, por alguns minutos, a temperaturas de 50 a 60 °C, seguido por um resfriamento brusco. O choque de temperatura é suficiente para matar os microrganismos indesejáveis.

Pasteur estendeu suas ideias sobre a ação de microrganismos (os germes) para as doenças animais. Em 1865, investigou a doença do bicho-da-seda, isolando dois bacilos responsáveis pelos problemas. Para resolvê-los, estabeleceu métodos de detecção dos bacilos e prevenção do contágio dos produtivos insetos. Esse trabalho salvou a indústria da seda da França e de outros países.

Apesar de, em outubro de 1868, ter sido vítima de grave derrame, que deixou como sequela uma paralisia parcial do braço e perna esquerdos, envolveu-se no estudo do antraz do gado. Essa doença é transmitida pelo

Bacillus anthracis, que contamina o solo dos pastos, assumindo a forma de esporos resistentes. O mal afeta bovinos, ovelhas, cabras e cavalos, portanto rebanhos de grande importância econômica. No período entre 1876 e 1881, conseguiu uma forma atenuada do bacilo que, inoculada, tornava os animais resistentes à doença. A esse processo chamou de *vacinação*.

Outro sucesso veterinário foi seu estudo sobre a cólera aviária, que vinha destruindo cerca de 10% da criação de aves. Em 1880, isolou o germe causador e, mais uma vez, cultivou uma forma atenuada que, inoculada, tornava as aves imunes.

Pasteur e a raiva

O grande feito de Pasteur na área médica foi a criação do soro antirrábico. Tão importante é essa realização que ficaram registrados na história a data, o nome e a idade do primeiro paciente a se submeter à aplicação: 6 de junho de 1885, Joseph Meister, 9 anos. O menino, que havia sido mordido por um cão portador da doença, recebeu o soro de Pasteur durante 10 dias seguidos obtendo, assim, a cura. Em um curto espaço de tempo, 350 pacientes, atacados por cães e lobos, receberam o tratamento, registrando-se apenas uma morte.

Atualmente, sabemos que a raiva é causada por um vírus. Isso impediu que Pasteur conseguisse observar ao microscópio o agente da doença. Somente no século XX, com a invenção do microscópio eletrônico, os vírus puderam ser facilmente observados e fotografados para estudo. Contudo, o notável químico pôde demonstrar que a inoculação do material extraído do bulbo cerebral de cães raivosos ocasiona a transmissão da moléstia para animais sadios. A técnica desenvolvida no preparo do soro consistia em se conseguir formas enfraquecidas dos agentes (vírus), conservando-os a seco por duas semanas. Uma posterior suspensão desse material em meio adequado originava o soro antirrábico. O reconhecimento mundial pelo feito tomou a forma da subscrição internacional para levantamento de fundos, que já mencionamos ao abordar a figura humana de Pasteur, no início deste capítulo. As coletas atingiram 2,5 milhões de francos, com os quais foi criado o Instituto Pasteur de Paris.

5. A química do cotidiano

Tudo à nossa volta é química. Essa afirmação não parece ser tão exagerada quando verificamos que toda a matéria à nossa volta sofre constantes transformações. Os conhecimentos e as práticas dessa ciência estão presentes no nosso cotidiano, através dos alimentos, da fotografia, dos detergentes e sabões, das tintas, dos cimentos e dos vidros.

Através das transformações da matéria, toneladas de substâncias são produzidas diariamente nas indústrias, e produtos naturais — como o algodão, a lã, o couro — são colocados em condições de uso.

A vida torna-se impossível de ser concebida em um mundo no qual esses materiais estejam ausentes. A seguir, descrevemos esses produtos, destacando, é claro, os seus aspectos químicos. Mas o leitor não pode se esquecer de que as substâncias e processos aqui abordados estão longe de constituir uma lista completa dos materiais com os quais interage, de modo direto ou indireto, no seu dia-a-dia.

O cimento

Para se construir um edifício ou uma casa, é necessário dispor do material adequado.

No passado, todo esse material provinha estritamente dos recursos naturais oferecidos pelo meio ambiente, como, por exemplo, a madeira fornecida pelas inúmeras espécies de árvores e as pedras encontradas no leito dos rios. Mas, seja qual for o tipo de material utilizado, é preciso dispor de algum aglutinante que permita uni-lo. Foi por isso que os egípcios empregaram no interior das pirâmides uma argamassa de gesso impuro, para o assentamento das pedras e revestimento das paredes. Quimicamente, o gesso é sulfato de cálcio, que, misturado com água, forma uma massa pegajosa e modelável.

Os gregos e os romanos aprenderam, possivelmente dos egípcios, a usar uma argamassa de material vulcânico (constituída, principalmente, por silicatos), areia (óxido de silício praticamente puro), cal extinta (hidróxido de sódio) e água. O Coliseu Romano é um exemplo de construção antiga que foi erguida com esse tipo de cimento primitivo.

Nas construções da Idade Média, era comum o uso de uma mistura de areia e cal, algumas vezes desidratada por um prévio aquecimento, embora os resultados fossem precários.

A tecnologia das construções teve um grande avanço com o uso do cimento portland, em 1824. Com ele, é possível obter uma argamassa que, após endurecida, tem a aparência de uma pedra de construção. Esse material era extraído e empregado na Ilha de Portland, na Inglaterra. Daí o nome.

Para a obtenção desse cimento, são misturados calcário (carbonato de cálcio) e argila (mistura de vários silicatos). Ao aquecer essa mistura a 1.500ºC, obtém-se um material apelidado de *clinquer*. A seguir, são adicionados 5% de gesso, a fim de retardar o endurecimento e melhorar a liga, isto é, a capacidade de adesão. Na realidade, o clinquer tem uma grande quantidade de silicato de cálcio anidro, que, em contato com água, sofre transformações por hidratação e hidrólise. São as reações químicas envolvidas nesses processos que permitem a formação de um gel coloidal de alta área superficial interna, que forma uma massa grudenta. Esta une as partículas maiores, formadas por grãos de areia (adicionada para preparar argamassa) ou pedaços de pedra britada (adicionada para preparar o concreto), originando, após a secagem, uma massa dura e resistente. Na superfície ocorrem também reações com o gás carbônico do ar. Com isso, o processo de cura do cimento dura anos, durante os quais todos os processos químicos referidos prosseguem, ainda que em baixa velocidade.

A análise de uma amostra de cimento portland apresenta 60% a 67% de óxido de cálcio, 17% a 25% de óxido de silício, 3% a 8% de óxido de alumínio, quantidades variáveis de até 6% de óxido de ferro, além de pequenas quantidades de sulfato de magnésio e de óxidos de magnésio, sódio e potássio. Misturado com o amianto – mineral fibroso constituído por silicato de magnésio –, dá origem ao cimento-amianto. Pelas suas boas qualidades impermeáveis, esse cimento foi bastante usado para a confecção de caixas-d'água e telhas para grandes coberturas. Entretanto, devido ao seu potencial cancerígeno, o uso do amianto vem sendo gradativamente proibido. Hoje são preferidas caixas-d'água de material plástico.

O vidro

As amostras de vidro manufaturado mais antigas de que se tem conhecimento remontam a 2500 anos a.C. Na verdade são contas fabricadas pelos egípcios.

A técnica de "soprar vidro" só foi inventada por volta de 200 a.C. Ela é indispensável para modelá-lo em forma de garrafas, taças ou copos. Existe discordância quanto ao local da invenção: se na Babilônia (situada na parte sul da Mesopotâmia) ou na área costeira da Fenícia, uma histórica região onde estão localizados o Líbano, parte de Israel e da Síria.

Para a técnica de sopragem do vidro, utiliza-se um tubo de ferro, de cerca de 1,5 metro, dotado de um bocal numa extremidade e uma pequena dilatação na outra. Na extremidade oposta ao bocal toma-se uma pequena massa de vidro fundido, que, ao ser soprado, forma um balão. Rodando o balão de modo conveniente sobre uma superfície de ferro, é possível modelá-lo, dando-lhe as mais variadas formas. Trata-se de uma técnica milenar que permanece basicamente inalterada até os nossos dias. Hoje, ela ainda é usada por artesãos na fabricação de peças artísticas ou requintadas. Existem máquinas que substituem os antigos sopradores e injetam o vidro fundido dentro de moldes, com o formato de garrafas, copos, travessas, etc.

O vidro é preparado a partir da areia. Esta é apenas óxido de silício — conhecido usualmente como sílica — praticamente puro. A sílica apresenta uma estrutura baseada em um arranjo no qual cada átomo de oxigênio se une a dois átomos de silício e cada silício a quatro átomos de oxigênio, formando uma grande cadeia:

$$\begin{array}{ccccccccc} & \text{O} & & \text{O} & & \text{O} & & \text{O} & \\ & | & & | & & | & & | & \\ \ldots- & \text{Si} & - \text{O} - & \text{Si} & - \text{O} - & \text{Si} & - \text{O} - & \text{Si} & - \text{O} -\ldots \\ & | & & | & & | & & | & \\ & \text{O} & & \text{O} & & \text{O} & & \text{O} & \end{array}$$

Essa cadeia pode formar complicados emaranhados tridimensionais. Daí decorre o alto ponto de fusão desse material, 1.710°C. As cadeias de silício e oxigênio recebem o nome de *cadeias de siloxano*.

A adição de óxidos metálicos reduz o ponto de fusão da sílica até atingir valores em torno de 800°C. Isso porque, durante o aquecimento, as cadeias de siloxano são quebradas, formando os silicatos dos respectivos metais.

Para fabricar vidro, aquece-se sílica com cal (óxido de cálcio) e barrilha (nome comercial do carbonato de sódio). Em razão do baixo custo, essas substâncias são ainda as mais usadas. O vidro resultante, que recebe o nome de *vidro calco-sódico*, é adequado para janelas, frascos de embalagens e bulbos de lâmpadas.

Se à sílica forem adicionadas quantidades variáveis de óxido de chumbo, que podem atingir até 30%, obtém-se um vidro de alta densidade e alto índice de refração, denominado *vidro flint*. Este se presta para a confecção de vidraria refinada, como cálices e taças (impropriamente chamados de *cristal*, pois na realidade são feitos de vidro), caracterizados pela aparência muito brilhante. Isso porque refratam intensamente a luz, ou seja, separam bastante as cores que constituem a luz branca. O vidro flint é também usado na construção de prismas destinados a aparelhos de medidas ópticas e para fazer lentes de óculos. Nesse caso, como o índice de refração é alto, as lentes se tornam mais delgadas e muito mais leves que as equivalentes de vidro comum, aliviando os míopes e hipermétropes do peso de seus óculos.

Atualmente, fluoretos, óxidos de bário, zinco e lantânio são aditivos usados para preparar vidros de alta refração.

Um vidro muito empregado, o *Pyrex*, é obtido pela adição de óxido de alumínio (alumina) e óxido de boro à sílica. Tem-se então os *vidros borossilicatos*, que se caracterizam por baixo coeficiente de expansão linear. Com isso é possível confeccionar assadeiras e outras vidrarias domésticas ou de laboratório, capazes de suportar aquecimentos ou resfriamentos sem trincar. O ponto de fusão dos vidros borossilicatos é de aproximadamente 820°C, sendo recomendado para uso normal até 230°C e, no máximo, 490°C.

Alguns metais conferem cor ao vidro. Assim, óxidos de ferro dão ao vidro uma coloração verde ou amarela. Óxido de manganês produz cor violeta, o de cobalto, azul. A adição de ouro, na forma metálica, pode originar tons vermelhos, púrpura ou azuis.

Existem também as *vitrocerâmicas*, definidas tecnicamente como "sólidos microcristalinos produzidos por devitrificação controlada de vidros". Para esse fim, a massa de vidro fundido é obtida do modo usual e então tratada por aquecimento controlado para formar um material com microcristais (isto é, cristais microscópicos) de tamanhos uniformes. Em uma vitrocerâmica, 50% do seu volume tem forma de microcristais. Isso confere ao produto final uma grande tenacidade (resistência a pancadas), facilidade de trabalho nas máquinas industriais e grande resistência a choques térmicos (variação brusca de temperatura). A conhecida linha de panelas Vision, do fabricante Dow Corning, é uma vitrocerâmica, preparada a partir de uma mistura de óxidos de silício, de lítio e de alumínio, com pequenas quantidades de óxidos de titânio e de zircônio.

As fibras ópticas — que substituíram os fios elétricos convencionais de cobre, usados como condutores nos equipamentos de telecomunicação — são fabricadas unicamente de óxido de silício. Ele não pode conter impurezas, nem ao menos água. Um dos meios de atingir esse exigente padrão de qualidade consiste na síntese do óxido de silício pela reação de tetracloreto de silício com oxigênio, usando uma chama alimentada a gás metano.

As tintas

Compostas de inúmeros pigmentos coloridos, as tintas são usadas para pintar as mais diversas superfícies (metal, madeira, pedra, papel, tecido, couro, plástico, etc.). Quando uma camada de tinta é aplicada numa superfície, além de sua função meramente decorativa, protege-a contra o desgaste, corrosão ou ataque bacteriano.

As tintas têm dois componentes fundamentais: o pigmento, que lhe dá cor, e o veículo, a parte líquida, cuja aplicação se faz através de rolos, pincéis ou canetas. O veículo mais antigo é o óleo de linhaça, extraído das sementes oleaginosas do linho, *Linun usitatissimum*, a mesma planta que fornece as fibras para tecido. Outro veículo antigo é a terebintina, obtido de um líquido viscoso que flui de alguns tipos de pinheiro, e que é também chamada *colofônia*, *resina* ou *breu*. Por destilação é obtido um solvente, a *essência de terebintina*, que, quimicamente, é uma mistura de dois isômeros, o alfa e o betapinenos.

Para executar suas pinturas, os romanos usavam um pigmento branco, o carbonato básico de chumbo, misturado a óleo de linhaça ou terebintina. Muito antiga é a caiação executada ao se aplicar uma suspensão de cal em água. A cal, óxido de cálcio, é chamada de cal viva. Pela reação com a água, se transforma em hidróxido de cálcio, popularmente chamado de cal extinta. A tinta resultante é uma suspensão aquosa de hidróxido de cálcio. Uma vez aplicada, a secagem envolve não só a evaporação da água mas também a reação com gás carbônico (dióxido de carbono) do ar, formando carbonato de cálcio e mais água. O carbonato de cálcio fica pouco aderido à superfície e, portanto, essa tinta é bastante precária quando se consideram os objetivos que deveria satisfazer.

As chamadas *tintas a óleo* usam como veículo o óleo de linhaça e éter de petróleo. O éter de petróleo é uma mistura de hidrocarbonetos destilados nas torres das refinarias petroquímicas a temperaturas que variam de 93° a 150°C. Os pigmentos podem ser inorgânicos, como o dióxido de titânio (branco), que tem a vantagem da baixa toxicidade quando comparado com os antigos compostos de chumbo, apesar de ser mais caro. Tons de amarelo, vermelho, marrom e preto podem ser obtidos com óxidos de ferro. Para proteger contra a corrosão são adicionados compostos de chumbo e zinco. Pigmentos orgânicos são muito usados atualmente. Alizarina, azo-corantes e derivados de ftalocianina permitem que o arco-íris seja transportado para as latas de tinta.

O processo de secagem nas tintas a óleo envolve, após a evaporação do solvente, a formação de ligações entre as moléculas do óleo de linhaça. Estas são ésteres de glicerina (o triálcool 1,2,3-propanotriol) com ácidos graxos (ácidos carboxílicos com mais de oito carbonos). Esses ésteres, chamados de triglicerídeos, são os componentes principais dos óleos vegetais, como os de linhaça, de mamona, de algodão, de coco ou de amendoim.

A constituição do óleo de linhaça

Quando o óleo de linhaça é submetido à hidrólise, fornece os seguintes ácidos graxos:

4% a 7%	palmítico (16 átomos de C, saturado)
2% a 5%	esteárico (18 átomos de C, saturado)
9% a 38%	oleico (18 átomos de C, uma dupla ligação)
3% a 43%	linoleico (18 átomos de C, duas duplas ligações)
25% a 28%	linolênico (18 átomos de C, três duplas ligações)

A proporção desses ácidos graxos nos triglicerídeos dos outros óleos é diferente. Por exemplo, no óleo de algodão predomina o ácido linoleico e, no de coco, o ácido láurico (12 átomos de carbono, saturado).

O processo de secagem da tinta a óleo

A secagem da tinta a óleo envolve uma reação das moléculas de oxigênio presentes no ar com as moléculas de triglicerídeos do solvente.

A reação acontece de tal forma que moléculas vizinhas de triglicerídeos se unem através de pontes de oxigênio. Disso resulta um polímero tridimensionalmente emaranhado, cuja função é criar uma camada resistente à ação do vento, chuva e poeira. Além disso, como as moléculas de triglicerídeos do óleo são pequenas, durante a aplicação elas penetram facilmente nos poros da superfície pintada, seja madeira ou parede. O processo de polimerização descrito aumenta a adesão da tinta à superfície, segurando o pigmento no lugar. A reação do óleo com o oxigênio do ar é catalisada por metais, que com esse objetivo são adicionados, geralmente na forma de sais de ácido graxo. O melhor metal para esse fim é o chumbo, mas, devido a sua toxicidade, tem sido substituído pelo cobalto, manganês, ferro ou cálcio. As pontes de oxigênio (quimicamente podem ser classificadas como pontes éter) são quebradas por radiação de alta energia, como a ultravioleta (UV), que acompanha a luz solar. Para se evitar esse problema, é possível adicionar substâncias capazes de absorver a luz UV, como os derivados de benzotriazol e benzofenona.

Para quem quiser remover tinta a óleo, basta usar uma solução de soda cáustica (hidróxido de sódio). Essa solução hidrolisa os triglicerídeos, retirando-os da superfície. A solução de soda deve ser manipulada com cuidado, pois pode reagir com as substâncias químicas da pele, algumas das quais também são triglicerídeos.

Do circo à farmácia

Nos espetáculos circenses, é comum os palhaços pintarem o rosto com uma espécie de tinta branca chamada de *alvaiade*. Trata-se de uma mistura de óxido de zinco com água. Esse mesmo óxido é usado como endurecedor de tintas a óleo, porque essa substância é capaz de reagir com os triglicerídeos, formando sais de zinco de baixíssima solubilidade em água. Assim, terminado o processo de secagem, por polimerização das moléculas do óleo, a camada superficial de tinta não se dissolve pela ação da água da chuva.

O óxido de zinco é também um inibidor do crescimento de fungos; para tanto, basta que ele seja adicionado às tintas. Essa propriedade também lhe garante emprego na indústria farmacêutica, onde entra na formulação de vários antimicóticos.

A tinta látex

A comercialização da tinta látex teve início no ano de 1948. Naquela época, essa tinta era baseada em uma mistura de estireno (85%) e butadieno (15%), emulsionada em água. Depois da aplicação, a água evapora e ocorre, assim, a formação de um polímero que alterna as unidades dos dois compostos, de aspecto semelhante à borracha natural.

À vantagem do uso da água como veículo não-tóxico, somam-se outras, como a ausência de cheiro desagradável e a facilidade para se lavar rolos e pincéis. Por isso, o látex substituiu a maior parte das tintas para interiores. Atualmente, no lugar do estireno e do butadieno, são utilizados acetato de polivinila e resinas acrílicas. Essas últimas fazem parte do chamado *látex acrílico*, muito resistente à luz, o que o torna indicado para o revestimento de exteriores. Também é adicionado um pouco de óleo de linhaça em algumas formulações de látex, para tirar proveito da penetrabilidade das moléculas de triglicérides.

Pinturas resistentes

Para fogões, geladeiras, máquinas de lavar e automóveis são usadas tintas cozidas. Entre elas, encontram-se as tintas alquídicas. A designação *alquídica* segue um neologismo forjado em inglês, a partir das primeiras e últimas letras das palavras *alc*ohol + ac*idic*.

Numa das versões dessa tinta são usados glicerina e ácido ftálico. Por aquecimento, ou "cozimento", a 130°C, forma-se um polímero bastante emaranhado por ligações cruzadas entre moléculas diferentes. O resultado é uma camada protetora, de boa impermeabilidade à água e ao ar.

Também existem formulações de tintas cozidas baseadas em ureia (uma diamida) e formaldeído (o aldeído mais simples). Elas permitem resultados semelhantes aos das resinas alquídicas.

Os vernizes, empregados especialmente no revestimento de madeiras, não recebem pigmentos. Em geral, são misturas de óleo de linhaça e uma resina vegetal (como a colofônia) ou sintética, dissolvidos em éter de petróleo. Após a aplicação, o solvente evapora e os triglicérides do óleo de linhaça sofrem o processo de polimerização já descrito. Quando os vernizes contêm um pigmento para conferir cor, passam a ser designados como esmaltes.

Sabões e detergentes

As referências mais antigas aos sabões remontam ao início da Era Cristã. O sábio romano Plínio, o Velho (Gaius Plinius Secundus, 23 ou 24-79 d.C.), autor da célebre *História natural*, menciona a preparação de sabão a partir do cozimento do sebo de carneiro com cinzas de madeira. De acordo com sua descrição, o procedimento envolve o tratamento repetido da pasta resultante com sal, até o produto final. Segundo Plínio, os fenícios conheciam essa técnica desde 600 a.C. O médico grego Galeno (130-200 d.C.), que fez carreira, fama e fortuna em Roma, também descreve uma técnica segundo a qual o sabão podia ser preparado com gorduras e cinzas, apontando sua utilidade como medicamento para a remoção da sujeira corporal e de tecidos mortos da pele. O alquimista árabe Geber (Jabir Ibn Hayyan), em escrito do século VIII da era cristã, também menciona o sabão como agente de limpeza.

No século XIII, a indústria de sabão foi introduzida na França, procedente da Itália e da Alemanha. No século XIV, passou a se estabelecer na Inglaterra. Na América do Norte o sabão era fabricado artesanalmente até o século XIX. A partir daí surgem as primeiras fábricas. No Brasil, a indústria de sabões data da segunda metade do século XIX.

Dois grandes avanços químicos marcam a revolução na produção de sabões. Em 1791, Nicolas Leblanc (1742-1806) concluiu o desenvolvimento do método de síntese de barrilha (carbonato de sódio) a partir da salmoura (solução de cloreto de sódio). Michel Eugéne Chevreul (1786-1889), entre 1813 e 1823, esclareceu a composição química das gorduras naturais. Assim, os fabricantes do século XIX puderam ter uma idéia do processo químico envolvido, bem como dispor da matéria-prima necessária.

Todos sabem que sabões limpam, fazem espuma e dão uma sensação tátil característica de escorregamento. Do ponto de vista químico, os sabões são sais sódicos de ácidos graxos, que por sua vez são obtidos dos triglicérides constituintes de gorduras. Alguns sabões de zinco e cobre têm aplicações específicas. A tabela na página seguinte destaca os sabões de uso doméstico.

O sabão de Castela é feito de óleo de oliva. Já o sabão de coco é bastante conhecido pela sua eficiência de limpeza (ele faz espuma até na água do mar). O que se observa, na prática, é que o sabão é tanto mais solúvel quanto menor for a cadeia hidrocarbônica ou quanto mais duplas ligações apresentar.

A preparação industrial do sabão

O processo de preparação industrial do sabão envolve a reação de gorduras — quimicamente, os triglicérides — com hidróxido de sódio. É a *reação de saponificação*. No método primitivo são utilizadas cinzas vegetais, as quais contêm óxidos e carbonatos de sódio e de potássio que reagem com a água, tornando o meio alcalino.

A reação de saponificação é executada em grandes recipientes, sob aquecimento. Como produtos, formam-se a glicerina e o sal sódico dos ácidos graxos. Para separá-los, procede-se à operação chamada *salga do sabão*. Essa operação consiste na adição de cloreto de sódio, que contribui para baixar a solubilidade dos carboxilatos. A mistura se divide em duas camadas: a superior, contendo sabão impuro, e a inferior, uma solução de glicerina e cloreto de sódio. O sabão impuro sofre duas etapas de purificação: a primeira, por ebulição com mais soda, e a segunda, por aquecimento em água. O sabão ainda quente é colocado em moldes, na forma de uma grande barra. Após o resfriamento, é cortado em pedaços menores, que contêm aproximadamente 30% de água. A fim de melhorar as condições de lavagem, o sabão recebe alguns aditivos como o carbonato de sódio. Por conferir alcalinidade ao meio, o carbonato de sódio favorece a hidrólise das gorduras que acompanham a sujeira.

Sabão de:	Ácido graxo predominate	Número de átomos de carbono	Número de duplas ligações
Sebo	Esteárico	18	0
Coco	Láurico	12	0
Castela	Oléico	18	1
Óleo de algodão	Linoléico	18	2

Atualmente, é feita também a hidrólise direta dos triglicérides, por aquecimento com água, em autoclaves a alta temperatura. No final do processo, o glicerol é separado e os ácidos graxos neutralizados com hidróxido ou carbonato de sódio.

O glicerol, também chamado de *glicerina*, resultante da produção do sabão, é utilizado para várias aplicações industriais, como a fabricação de explosivos (trinitro-glicerina, a dinamite), em produtos farmacêuticos, tintas, no acabamento de papel, bem como em lubrificantes, bacteriostáticos, fluidos hidráulicos e umectantes.

Produção de sabonetes

Para a produção de sabonetes, parte da glicerina é mantida junto com o sabão. Como a glicerina é um hidratante, sua presença no sabonete evita o ressecamento da pele (aquela sensação desagradável que toda dona de casa sente nas mãos ao lavar roupas com sabão comum). Sabonetes transparentes são obtidos pela incorporação de etanol, açúcar ou mais glicerina. A transparência também pode ser conseguida por ajuste cuidadoso das quantidades de sabão, eletrólito (um sal, como cloreto ou sulfato de sódio) e água. Existe uma faixa muito estreita de composições (que os químicos sabem determinar experimentalmente) na qual essa mistura de três compostos — uma mistura ternária — fornece um material de aspecto transparente.

Como o sabão limpa

A ação dos sabões na limpeza foi esclarecida ao longo das décadas de 1930 e 1940, destacando-se a atuação do químico James William McBain (1882-1953). Sendo o sabão, em geral, um sal de metal alcalino (mais frequentemente sódio) de ácido carboxílico, ao se dissolver na água sofre um processo de ionização semelhante àquele de qualquer sal solúvel, fornecendo o cátion do metal e o ânion carboxilato. Sabemos hoje que esse ânion é um anfifílico, isto é, uma espécie química que tem simultaneamente afinidades com a água e com os solventes orgânicos. Isso é reflexo da estrutura do ânion carboxilato, que mostra duas porções: um grupo dotado de carga ($-COO^-$) e uma cadeia hidrocarbônica. O grupo carregado é hidrofílico (se dissolve facilmente em meio aquoso) e lipofóbico (não se dissolve em solventes orgânicos). A porção hidrocarbônica é hidrofóbica (não se dissolve em água) e lipofílica (se dissolve em solventes orgânicos típicos, solventes de gorduras).

Em suma, duas porções antagônicas coexistem no ânion derivado do sal de ácido graxo: uma insolúvel em água (a cadeia hidrocarbônica) e outra solúvel em água (o grupo iônico carboxilato).

O processo de limpeza com sabões resulta dessa dualidade de propriedades. Quando lavamos uma panela engordurada ou uma roupa suja, o próprio ato de esfregar coloca gotas de gordura em contato com a água. Caso exista sabão em solução, a porção hidrocarbônica do anfifílico penetra no interior da gota de gordura, deixando na interface óleo-água o grupo aniônico carboxilato. Assim, as gotas se tornam revestidas por uma camada de cargas e passam a se repelir mutuamente. Como as gotas permanecem em suspensão na água, são facilmente removidas após um segundo enxágue. Esse é o chamado *processo de solubilização das gorduras por ação de anfifílicos*.

Sujeiras sólidas em geral aderem aos tecidos através de uma película de gordura. Nesse caso, o mecanismo de lavagem é o mesmo descrito aqui. Deve ser também observado que a espuma não tem nada que ver com o processo de solubilização das gorduras pela ação de anfifílicos. Por isso, a crença segundo a qual um sabão (ou detergente) que faça mais espuma seja mais eficiente é infundada.

A eficiência de um sabão fica comprometida quando a água possui concentrações elevadas de íons cálcio e magnésio. Águas desse tipo são chamadas de *águas duras* e ocorrem em regiões de solo calcário, comuns na Europa e na América do Norte, embora menos frequentes na América do Sul. Os ânions dos ácidos graxos podem se ligar aos íons de cálcio e de magnésio, formando compostos (sais) insolúveis. Isso impede a ação solubilizante sobre as gorduras, conforme já foi descrito. Nas águas duras nem mesmo se observa a formação de espumas. Esse problema foi contornado quimicamente com o advento dos detergentes, substâncias também anfifílicas, mas que, devido à sua constituição não formam sais insolúveis com cálcio e magnésio.

Os detergentes

Os detergentes são o maior sucesso comercial da química do século XX. Representam 85% do consumo mundial de materiais de limpeza, avaliado, juntamente com os sabões, em termos de produção global. Como os sabões, eles são anfifílicos, ou seja, limpam pelo mesmo processo de solubilização de gorduras, mas seu grupo iônico é qualquer um diferente do carboxilato, podendo ter cargas negativas ou positivas.

A primeira versão dos detergentes surgiu na Europa, durante a Primeira Guerra Mundial (1914-1918). Eles eram obtidos da sulfatação (reação com o ácido sulfúrico) dos álcoois graxos (isto é, de cadeia longa, maior do que oito carbonos) derivados de gorduras animais (sebo) e vegetais (óleo de coco), seguida de neutralização por hidróxido de sódio. Formam-se assim os alquilsulfatos de sódio, dos quais o mais usado é o dodecilsulfato de sódio, também chamado laurilsulfato de sódio.

Os detergentes foram usados pela primeira vez em lavagens da indústria têxtil. Como eles se mostraram bastante eficientes, passaram a ser usados com excelente desempenho na limpeza doméstica, na fabricação de xampus e de pasta de dentes, principalmente na América do Norte.

Na década de 1930, foram desenvolvidos os alquilbenzenossulfonatos de sódio, dos quais o dodecil ou laurilbenzenossulfonato é o mais comum. Ainda hoje, é o componente ativo das principais marcas de sabão em pó e detergentes líquidos do comércio.

O detergente líquido — comum nas prateleiras dos supermercados e de grande aceitação pelas donas de casa — nada mais é do que uma solução desse anfifílico, cuja viscosidade foi aumentada pela adição de um sal, que pode ser o sulfato de sódio ou, mais frequentemente, cloreto de sódio. A essa solução é acrescentado aroma, mais para estimular o consumo do que por razões técnicas. Algumas formulações também contêm detergentes não-iônicos, que se destacam pela boa capacidade de solubilizar graxas.

Encontram-se disponíveis nos mercados, adicionalmente, os detergentes líquidos catiônicos, nos quais o anfifílico é um derivado de sal de alquilamônio. Eles se distinguem dos demais por exalar um forte cheiro de amoníaco. Isso se deve à presença de amônia que, conferindo alcalinidade ao meio, ajuda na decomposição por hidrólise das gorduras. A associação da reação química com o efeito de solubilização do anfifílico catiônico resulta em um enorme poder de limpeza.

Como se fabrica um detergente

O dodecilbenzenossulfonato de sódio é formado por matérias-primas provenientes da indústria petroquímica. Essa indústria transforma as estruturas dos materiais naturalmente encontrados no petróleo em grande número de derivados. As usinas fornecem o dodecilbenzeno (ou laurilbenzeno), no qual a cadeia de doze carbonos foi obtida pela tetramerização (formação do polímero de quatro unidades) do propeno (propileno). O laurilbenzeno é a seguir sulfonado por reação com excesso de ácido sulfúrico. O excesso de reagente visa deslocar o equilíbrio da reação para que possa haver a formação dos produtos. A solução resultante é, posteriormente, neutralizada com hidróxido de sódio, formando-se detergente e sulfato de sódio, resultado da reação do álcali com o excesso de ácido sulfúrico. Finda mais essa etapa, a mistura é escorrida de um chuveiro, instalado no alto de uma torre, em cuja base é injetado ar quente. As gotas da solução secam ao cair em contracorrente com o ar aquecido, formando um grãozinho (contendo dodecilbenzenossulfonato de sódio e sulfato de sódio) que lembra a forma de uma pipoca estourada. Essa aparência pode ser facilmente identificada observando-se um punhado de sabão em pó.

O sulfato de sódio, que se cristaliza junto com o detergente, exerce um papel que é chamado de *carga* na indústria, isto é, atua como material que aumenta o volume do produto final. Para terminar é acrescentado um corante (menos de 1% em massa, apenas para dar aparência atraente), um perfume (as donas de casa gostam) e 1% de carboximetilcelulose, uma substância que adere às fibras, especialmente de algodão, para impedir a redeposição de sujeira.

Além disso, superfícies brancas aparentam ser mais brancas quando têm um tom levemente azulado. Por isso, acrescenta-se cerca de 1% de um branqueador óptico, um corante capaz de apresentar fluorescência, especialmente na cor azul. A fluorescência é a capacidade que certas substâncias têm de absorver luz invisível — como as radiações ultravioleta (UV) — e emitir luz visível, em diversos comprimentos de onda. O branqueador óptico adere nas fibras do tecido e, com a fluorescência azulada, aumentam o brilho e a alvura. Desse modo, se consegue "o branco mais branco"...

O aspecto pitoresco dessa história toda é que, no cômputo final, uma caixa de detergente em pó comprada no supermercado contém de 5% a 10%, em massa, do detergente propriamente dito.

Xampus e condicionadores de cabelo

Os xampus contêm detergentes do tipo laurilsulfato de sódio e alguns dos seus derivados. Como são, geralmente, anfifílicos aniônicos, isto é, dotados de carga negativa, além de remover as gorduras do cabelo, também carregam-no negativamente. Isso faz com que, ao secar, os fios de cabelo venham a se repelir (cargas iguais se repelem) e confiram um aspecto de "cabeleira espetada".

Para resolver esse problema existem os condicionadores, feitos à base de detergentes catiônicos, isto é, dotados de cargas positivas, como, por exemplo, cloretos de alquiltrimetilamônio. Levam, também, óleos mineral (derivado do petróleo) ou vegetal em sua composição. O óleo volta a lubrificar os fios de cabelo e as cargas positivas do detergente catiônico do condicionador neutralizam as negativas deixadas pelo anfifílico aniônico do xampu. Assim, os cabelos "assentam naturalmente e ficam com aparência sedosa, suave e natural"...

Fotografia

A invenção da fotografia não pode ser atribuída a um único homem, pois é resultado das observações e criatividade de muitos físicos, químicos e artistas plásticos. Os nomes mencionados a seguir conseguiram resultados importantes para garantir o desenvolvimento da técnica de reprodução das imagens pela ação da luz sobre materiais fotossensíveis. Entretanto, seus feitos sempre se apoiaram sobre a exaustiva experimentação, sobre fracassos e sucessos dos seus predecessores.

As primeiras experiências

Um dos primeiros passos em direção à descoberta da fotografia ocorreu em 1727. Foi quando J. H. Schulze constatou que, por ação da luz, uma mistura de nitrato de prata e calcário (carbonato de cálcio) reagia, produzindo uma tonalidade escura. Alguns químicos importantes do século XVIII teceram comentários sobre essa reação, mas, naquela época, a química estava nascendo e seu potencial teórico-experimental engatinhava.

O grande passo na história da fotografia ocorreu com a descoberta realizada por Louis Jacques Mandé Daguerre (1789-1851) e tida como acidental. Isso aconteceu quando ele trabalhava com uma chapa de cobre que havia sido recoberta por prata e exposta a vapores de iodo. Daguerre observou o desenvolvimento de uma imagem ao colocá-la em contato com vapores de mercúrio. Apesar da dificuldade de manuseio de todos esses materiais, eles permitiram ao pioneiro Louis desenvolver uma técnica fotográfica, cujo enorme sucesso fez com que os "daguerreótipos" se tornassem relativamente comuns no século XIX, a partir de 1840.

Daguerreótipo da metade do século XIX. Registra a incomum imagem de dom Pedro II (1825-1891), jovem. O monarca brasileiro era um entusiasta das invenções e das ciências.

O problema inicial era o de que a prata, ao permanecer na chapa após a revelação, continuava a escurecer, transformando o daguerreótipo em uma mancha escura. Mas logo foi introduzida a técnica de lavagem dos íons-prata restantes por tiossulfato de sódio, uma substância que até hoje é chamada pelos fotógrafos de *hipossulfito de sódio* ou, abreviadamente, *hipo*. Essa operação é chamada de *fixação*, pois torna a imagem permanente.

A fim de desenvolver suas investigações fotográficas, Louis Daguerre, pintor de grandes painéis, se associou a Joseph Nicéphore Niepce (1765-1833), um especialista em matrizes para litografia. Niepce, que a partir de 1817 experimentara registrar imagens em cloreto de prata aplicado sobre papel, só obteve sucesso em suas pesquisas por volta de 1822.

Em 1841, William Henry Fox-Talbot inventou o calótipo, que se baseava, inicialmente, na obtenção de uma imagem negativa e, depois, positiva. O negativo era feito sobre uma placa de vidro ou papel oleado (para se tornar transparente) onde haletos de prata ficavam grudados com clara de ovo. Após a exposição, a revelação se fazia com ácido gálico e, depois, a fixação com tiossulfato de sódio. Superpondo o negativo a um outro papel fotográfico, e fazendo nova exposição à luz, chegava-se ao positivo. Um problema sério era a baixa definição da imagem.

Em 1871, R. L. Maddox substituiu a clara de ovo por gelatina. Em 1887, George Eastman (1854-1932) criou a marca Kodak, estabelecendo definitivamente o emprego da gelatina de nitrato de celulose (usualmente chamada de *colódio*) com o haleto de prata fotossensível. Essa gelatina é preparada pela dissolução do nitrato de celulose em uma mistura de éter etílico (ou "sulfúrico") e etanol, posteriormente evaporada. Com isso foi possível confeccionar e comercializar rolos de filme.

A desvantagem da alta inflamabilidade do nitrato de celulose, que é o mesmo material constituinte do explosivo algodão-pólvora, foi um problema solucionado, algum tempo depois, pela substituição por acetato de celulose.

A técnica de preparação do material fotossensível consiste na mistura de nitrato de prata e brometo de potássio, em condições controladas, para formar grãos de brometo de prata de tamanho conveniente. A nitidez da imagem depende do tamanho desses grãos, que formam uma suspensão ao serem misturados com a gelatina de acetato de celulose.

Quando o filme é exposto através da câmara fotográfica, por uma fração de segundo, a imagem fica registrada no negativo. Para se tornar visível, é preciso que ela seja revelada e fixada. Mas o que vêm a ser os processos de revelação e fixação?

Os processos de revelação e fixação

Vimos que quando a luz incide sobre os grãos de brometo de prata, uns poucos íons de prata são reduzidos a prata metálica. A quantidade de prata metálica é pequena, insuficiente para dar uma imagem visível, mas depende da intensidade com que a luz atinge cada um dos grãos.

O revelador é a solução de uma substância de caráter redutor e que, portanto, tomará parte em uma reação de óxido-redução. Modernamente, é utilizada uma solução de hidroquinona (*p*-diidroxibenzeno). Durante a revelação, a hidroquinona é oxidada à quinona, uma dicetona cíclica insaturada. A rapidez da redução depende da quantidade de prata metálica originada pela exposição de cada grão à luz, além de outros fatores típicos de controle cinético: condições de acidez (pH) do meio e temperatura. Portanto, em um país como o Brasil, de grande variabilidade de temperatura, pode-se esperar que os tempos de revelação, com a mesma solução de revelador, variem muito de norte a sul.

Os grãos de haleto de prata que foram mais expostos à luz (regiões mais claras do objeto fotografado) têm sua prata iônica reduzida mais rapidamente pela hidroquinona que os outros, originando grande quantidade de prata metálica finamente dividida, o que lhe confere a aparência enegrecida. Tons de cinza aparecem em regiões de grãos medianamente expostos, e o branco, nas posições sobre as quais não incidiu luz, onde o brometo de prata não é reduzido. A etapa de revelação dura, em geral, até 5 minutos, dependendo das condições acima mencionadas.

Para que o negativo se torne imune à ação da luz, é preciso fixar a imagem. Isso é possível eliminando todo o brometo de prata que permanece ainda grudado no filme. Para isso, o brometo de prata é dissolvido pela ação do tiossulfato de sódio, que forma um composto muito estável e solúvel, o íon complexo de prata e o tiossulfato, que de acordo com as regras de nomenclatura é denominado *ditiossulfatoargentato*, facilmente removido por lavagem posterior.

O papel fotográfico para a imagem positiva também está revestido de uma gelatina de brometo de prata. A imagem do negativo é exposta sobre ele, podendo ser ampliada em vários tamanhos (9 x 12 cm, 18 x 24 cm, etc.) por um dispositivo óptico. As etapas que se seguem, de revelação e de fixação, são análogas às do negativo.

Tanto para negativos quanto para positivos, a lavagem após a fixação com a solução de tiossulfato de sódio deve ser muito bem-feita, a fim de evitar que permaneçam pequenas quantidades de prata iônica e tiossulfato. Caso permaneçam resíduos, é formado, lentamente, sulfeto de prata. Ele confere a cor *sépia*, aquela cor marrom característica das fotos velhas. Embora algumas vezes os fotógrafos procurem deliberadamente obter tons de sépia para fins estéticos, as fotos antigas só apresentam esse problema se a etapa de lavagem, após a fixação, foi mal executada.

A fotografia colorida

A foto colorida remonta à inventividade do físico James Clerk Maxwell (1831-1879) — o grande formulador das equações fundamentais do eletromagnetismo —, que obteve a primeira imagem em cores pela superposição de três exposições, registradas uma de cada vez, através de três filtros, em cores primárias: azul, vermelho e amarelo. Esse é o chamado *processo de colorização por tricromia* e é também usado na televisão em cores, na qual o cinescópio superpõe três imagens em cores primárias.

Hoje, não é preciso tomar três fotos do mesmo objeto. O próprio negativo colorido apresenta três camadas, separadas por filtros, cada uma sensível a uma cor primária. Além disso, parte da cor é introduzida no processo de revelação, por meio de corantes que têm afinidade química com camadas definidas.

Alimentos

É frequente encontrarmos no rótulo de muitos produtos comercializados informações como: "alimento sem produtos químicos", "remédio sem elementos químicos" ou "legumes e frutas sem química". Isso é um equívoco, pois em qualquer material, produzido industrialmente ou não, existem substâncias químicas que lhe dão forma, massa e consistência.

Num pedaço de queijo, ou mesmo de um material encontrado na Lua, são observados alguns dos noventa elementos químicos naturais, arranjados em moléculas mais ou menos complexas. Essa complexidade atinge seu limite máximo nas moléculas que fazem parte de qualquer organismo vivo. A vida decorre de reações bastante elaboradas. Elas são responsáveis pelos processos fundamentais, como a respiração e a reprodução. Reações químicas também estão envolvidas nas manifestações do pensamento e das emoções.

Num pé de alface, por exemplo, está presente a celulose, uma molécula muito longa — um polímero — que forma o arcabouço das folhas. Os delicados tons de verde resultam da presença da clorofila, uma molécula de constituição caprichosa, que lhe confere um papel importantíssimo no fenômeno da fotossíntese, uma reação química que permite a síntese de carboidratos a partir do gás carbônico e da água, quando da incidência de luz. Certamente, muitas dezenas de substâncias estão presentes na folha da alface, sejam elas sais minerais ou vitaminas.

A confusão entre "sem química" e "sem aditivos químicos"

A preservação de alimentos é uma necessidade que acompanha o homem desde suas primeiras andanças pela Terra. Os alimentos, especialmente em climas quentes, deterioram rapidamente. Na tentativa de solucionar esse problema, o homem elaborou inúmeras técnicas, como a defumação (que evita a decomposição da carne através da exposição ao calor e à fumaça) e a salga, na qual é usado o sal comum de cozinha (cloreto de sódio), facilmente cristalizado da água do mar.

Hoje, os alimentos são produzidos em grandes quantidades por indústrias especializadas. Sem essa intensa atividade, a vida nos centros urbanos seria inviabilizada, pois não haveria como atender à enorme demanda de comida. Essa mesma necessidade implica a exigência de não se perder colheitas agrícolas, vítimas de variadas pragas, pois elas atacam raízes, folhas, grãos ou frutos. Para tanto, desenvolveram-se os agrotóxicos, capazes de acabar com os inimigos naturais das plantas.

Ainda nessa linha, a necessidade de preservar alimentos industrializados tem levado o homem a aperfeiçoar continuamente várias substâncias químicas capazes de controlar o processo de apodrecimento. Contudo, sempre há espaço para manifestações perversas. A intensa industrialização e a ganância de empresários levaram a um uso exagerado de aditivos químicos.

Inúmeros problemas relacionados a aditivos e alimentos podem ser avaliados, considerando o caso da carne. Hoje, através do congelamento, a carne é mantida em condições de consumo. Essa técnica permite preservar suas características por muitos meses. Por outro lado, produtos como presuntos, salames, mortadelas e salsichas — designados genericamente por *embutidos de carne* — não se decompõem se, durante sua preparação, for adicionada uma pequena quantidade de salitre (nitrato de sódio ou de potássio). Essa substância impede o desenvolvimento de vários microrganismos responsáveis pelo processo de deterioração da carne. Em especial, inibe o desenvolvimento do *Clostridium botulinum*, uma bactéria responsável pela produção de toxinas capazes de causar cefaléias (dores de cabeça contínuas) e vertigens. Em casos extremos, os danos são maiores: paralisação dos nervos cranianos e respiratórios, podendo até chegar a desenlaces fatais.

Apesar de sua utilidade, o uso do salitre pode ser prejudicial, pois esse material é reduzido a nitrito, através de reações de óxido-redução que ocorrem no interior do organismo humano. O nitrito é uma espécie química capaz de reagir com aminas, também presentes no organismo, formando as nitrosaminas, potentes substâncias cancerígenas. Em consequência disso, consumidores de grandes quantidades de carne, sob a forma de embutidos, correm sério risco de saúde.

Vemos, assim, uma situação embaraçosa: morrer de botulismo ou de câncer. Diante de dilemas dessa natureza, deve prevalecer o bom senso.

Ele recomenda: evitar comer grandes quantidades de alimentos em conservas (de qualquer espécie), preferir alimentos preparados na hora, garantir o perfeito funcionamento dos refrigeradores domésticos e lavar adequadamente legumes e frutas.

Mais química de alimentos

As substâncias químicas são os constituintes dos alimentos. Ao contrário do que algum desavisado poderia supor, a própria natureza se manifesta através de substâncias químicas, portanto naturais. Caso fôssemos classificá-las em grandes grupos, aquelas ligadas aos alimentos seriam divididas em gorduras, vitaminas, proteínas, carboidratos e sais minerais. Todos esses compostos, alguns formados por moléculas simples, outros por moléculas mais complexas, são fundamentais para a manutenção da saúde. Tanto a falta como o excesso provocam situações inconvenientes para o organismo. Por isso, é extremamente importante uma dieta balanceada, na qual todas as substâncias estejam presentes em proporções adequadas para garantir uma boa alimentação.

A presença de substâncias químicas nos alimentos pode ser facilmente observada quando do cozimento. Toda dona de casa já verificou que quando cozinha brócolis ou ervilhas há uma perda da cor verde. Ora, essa cor resulta da presença da clorofila, uma molécula complexa, cuja estrutura apresenta um átomo de magnésio ligado a um elaborado arranjo de átomos de carbono e nitrogênio. A perda da coloração resulta da ação de ácidos naturalmente presentes nos vegetais. Com o aquecimento dos legumes em água, esses ácidos se solubilizam e liberam o íon hidroxônio, característico dos ácidos, que substitui o magnésio na clorofila e forma um novo composto que não é mais verde.

Como a química pode ajudar a dona de casa a melhorar o visual de seus pratos de brócolis ou ervilhas, permitindo que ela, orgulhosamente, possa exibi-los mais verdes?

É simples. Basta contar com a colaboração de uma substância de caráter básico. Para tanto, é só adicionar carbonato de sódio. Essa substância torna a água alcalina, neutralizando, assim, a ação dos ácidos e preservando um belo verde, após o cozimento. Em geral, é mais fácil encontrarmos na cozinha o bicarbonato de sódio do que carbonato de sódio. Mas pode-se empregá-lo sem problemas, pois, quando colocado em água quente, e especialmente na água fervente, o bicarbonato se converte em carbonato, conferindo assim basicidade ao meio. Portanto, mais uma vez a química socorre a dona de casa, permitindo-lhe executar uma transformação material, necessária para se obter atraentes e apetitosos vegetais.

Outra solução é cozer os legumes com pouca água, em panela destampada. Nessas condições, o vapor da água arrasta consigo os ácidos naturais, segundo um processo chamado *destilação por arraste de vapor*, análogo ao usado industrialmente para se obter algumas essências naturais de perfumes. Ao remover os ácidos, mantém-se a estrutura da clorofila e, consequentemente, sua cor.

Mudanças de coloração também são observadas no cozimento das cenouras. O tom natural, amarelo-alaranjado, característico desse vegetal é alterado para amarelo-claro. Aqui, o calor causa inevitáveis mudanças estruturais das moléculas do caroteno, responsáveis pelo tom alaranjado. A melhor sugestão para se preservar a cor de cenouras é cozinhá-las o mais rápido possível. Como as reações químicas levam um certo tempo para acontecer, a rapidez evitará a decomposição de todas as moléculas do caroteno.

6. Os plásticos e as fibras sintéticas

É DIFÍCIL IMAGINARMOS UM MUNDO SEM A PRESENÇA DOS PLÁSTICOS. INÚMEROS OBJETOS, COM OS QUAIS LIDAMOS DIARIAMENTE, SÃO FEITOS DESSE IMPORTANTE MATERIAL. OS PROFISSIONAIS E ARTESÃOS DO SÉCULO XIX CERTAMENTE TERIAM SUA CAPACIDADE CONSTRUTIVA E INOVADORA AMPLIADA SE PUDESSEM CONTAR COM UM MATERIAL TÃO VERSÁTIL.

De onde surgiu a designação *plástico*? Esse termo foi inventado nas indústrias. Portanto, não se reveste de conotações científicas. Por plástico se entende qualquer substância que pode ser moldada em formas convenientes. Porém, uma característica importante é que a quase totalidade dos plásticos utilizados hoje são polímeros, embora nem todo polímero seja plástico.

Um polímero é uma molécula muito grande formada pela reunião de moléculas menores. À semelhança dos elos de uma corrente, as moléculas menores se unem para formar uma maior. Essas ligações vão dar origem a um comprido filamento que pode conter centenas e até milhares de átomos encadeados.

A parte importante no desenvolvimento dos plásticos foi executada pelas grandes indústrias químicas na Europa e no continente norte-americano. Após a Primeira Guerra Mundial, essas empresas passaram a fazer uma escolha cuidadosa de profissionais competentes, em geral graduados com doutoramento em química, a fim de patrocinar intensa investigação.

O resultado foi a descoberta de produtos com propriedades espetaculares, capazes de substituir madeira, couro, aço, alumínio ou fibras naturais. Trata-se de um feito destacado das atividades de pesquisa e desenvolvimento — usualmente abreviadas pela sigla P&D — em grandes laboratórios de empresas sólidas.

A seguir, veremos que a raiz dos notáveis feitos no campo dos polímeros remonta à procura de materiais moldáveis no século XIX e à busca de fibras sintéticas no século XX.

Os precursores

Em 1833, Henri Braconnot (1781-1855) fez reagir uma mistura de amido, serragem e algodão, com ácido nítrico. O material obtido pôde ser moldado em formas convenientes. Ao ser dissolvido em solventes (que na época eram obtidos da destilação seca da madeira), Braconnot verificou que o material formava uma laca que podia ser utilizada como verniz. Na realidade, todos os materiais dessa estranha mistura contêm celulose, um polímero natural proveniente de um açúcar: a *glicose*. Da reação de Braconnot resulta a nitrocelulose, um polímero com propriedades mais favoráveis para moldagem do que a celulose original. O procedimento desse pesquisador foi o marco inicial no desenvolvimento dos plásticos e dos vernizes sintéticos.

Em 1846, Christian Friedrich Schönbein (1799-1868) aperfeiçoou o processo de Braconnot, nitrando algodão, cujas fibras são constituídas de celulose praticamente pura, com a mistura sulfonítrica, isto é, dos ácidos sulfúrico e nítrico. Schönbein verificou também que a nitrocelulose era solúvel em uma mistura de álcool e éter.

Das bolas de bilhar ao cinema

Por volta de 1860, as indústrias passaram a procurar um substituto para o marfim (dente de elefante) utilizado na confecção de bolas de bilhar, um jogo bastante apreciado e em moda naquela época. Por volta de 1870, os irmãos Hyatt, dos Estados Unidos, descobriram que uma mistura de nitrocelulose, cânfora e álcool, realizada sob pressão, fornecia um material plástico resistente a água, óleos e ácidos. Conhecido como celuloide, xilonita ou marfim artificial, satisfez os fabricantes de bolas de bilhar e, adicionalmente, encontrou emprego na fabricação dos mais variados objetos: de dentaduras a colarinhos de camisa.

A importância do plástico dos irmãos Hyatt aumentou em 1882, quando se constatou que o celuloide, dissolvido em acetato de amila, permitia preparar filmes suportes para a gelatina fotossensível de chapas fotográficas. Foi possível, assim, desenvolver o rolo de filme para as câmaras fotográficas e, o mais significativo, confeccionar estreitas e longas fitas, as quais permitiram o filme e a película cinematográficos.

A nitrocelulose é empregada ainda hoje com diversas finalidades. A sua utilidade depende da quantidade de nitrogênio incorporada no processo de nitração. Quando o conteúdo de nitrogênio é baixo, o material se presta ao uso como plástico. Em conteúdos médios, o produto é dissolvido em solventes adequados e serve como verniz. Com alto conteúdo de nitrogênio, tem-se um poderosíssimo explosivo, o algodão-pólvora.

Do celofane à baquelite

Em 1892, a celulose (um polímero natural) foi matéria-prima para o desenvolvimento do *celofane*. Para isso, bastava fazê-la reagir com o hidróxido de sódio e o sulfeto de carbono. A denominação desse plástico surgiu por causa da própria aparência: "celulose + diáfano".

Em 1897, foi utilizado outro polímero natural, a caseína — uma das proteínas do leite — para a fabricação de plásticos. A principal fonte é o leite de vaca, onde ela é encontrada em concentrações de até 3% em massa. A caseína é facilmente separada do leite, porque ela se precipita com a adição de pequenas quantidades de ácido. Nesse sentido, o ácido acético do vinagre ou o ácido cítrico do limão são suficientes. Quando a caseína é aquecida com formaldeído, forma um plástico chamado *galalite*, de propriedades muito convenientes na fabricação de botões, por exemplo.

Atualmente, outros plásticos são usados para esse fim, mas a caseína é empregada na fabricação de adesivos não-tóxicos a fim de colar, por exemplo, as tampas de embalagens de alimento. Nessa aplicação. ela costuma ser misturada à dextrina, outro polímero natural obtido por hidrólise parcial do amido.

No ano de 1907, Leo Hendrik Baekeland (1863-1944), um químico belga, preparou o primeiro plástico de grande sucesso. Baekeland havia trabalhado no desenvolvimento de papéis fotográficos, tendo, em 1893, inventado o papel Velox. Em um dos seus experimentos, aqueceu uma mistura de fenol e formol, na presença de algumas gotas de ácido sulfúrico, que atua como catalisador. Baekeland verificou a formação de uma massa dura, que estilhaçava ao receber pancadas. Apesar disso ela tem grande resistência elétrica, comportando-se como um excelente isolante. Denominado *baquelite*, esse material passou a ser fabricado pela Cia. Baquelite, já em 1910.

Para a indústria eletroeletrônica, que então começava, a baquelite foi uma importante descoberta. Interruptores elétricos e gabinetes de rádios estão entre as aplicações importantes, durante muitas décadas do século XX. Ainda hoje, polímeros de fenol-formol são usados em equipamentos elétricos, tintas e esmaltes, isolamento acústico e térmico, resinas de troca iônica e muitas outras aplicações.

O desafio das fibras

A ideia de substituir fibras naturais por sintéticas foi, sem dúvida, a principal causa do desenvolvimento dos polímeros. As fibras do linho e do algodão são na realidade longas cadeias de celulose que, como mencionado anteriormente, é um polímero do açúcar, chamado *glicose*. Através de séculos, muitas civilizações usaram esses filamentos naturais para confeccionar tecidos. Mas a grande atração sempre foi a seda, o pano obtido a partir de um fio branco e resistente produzido pela larva do *Bombyx mori*, o bicho-da-seda, ao construir seu casulo.

Os chineses foram os precursores das técnicas de obtenção da seda. Para eles, ela já era uma fibra têxtil importante 2600 anos a.C. Desde aquela época, o homem tem se encantado com a habilidade química do bicho-da-

-seda em converter as folhas de amoreira, seu alimento, num filamento de proteína. Esse filamento é dotado de grande elasticidade, pois pode ser esticado até 20% além do seu comprimento original.

Inspirado no bicho-da-seda, o conde Hilaire de Chardonnet (1839-1924) concentrou seus esforços, a partir de 1880, na tentativa de conseguir uma seda sintética. Ao fazer reagir folhas de amoreira com ácido nítrico, Chardonnet obteve, assim, uma pasta viscosa que coagulava quando exposta ao ar quente. Na realidade, o conde fez a nitração da celulose da folha da amoreira, preparando a nitrocelulose, a mesma substância dos pioneiros Braconnot e Schönbein. Logo, percebeu que, em vez de usar ar quente, podia transformar a pasta em fios, escorrendo-a através de uma chapa furada — a fiandeira — e coagulando os filamentos que se formavam, mergulhando-os em uma solução de água e álcool. Entusiasmado com o resultado, Chardonnet montou uma fábrica em Besançon, na França, em 1891.

A fibra preparada pelo conde era o que hoje chamamos de *celulose regenerada* e não a proteína da seda. Sintetizada de modo rudimentar, não tinha o mesmo desempenho da fibra que pretendia substituir. Contudo, suas propriedades têxteis eram promissoras. Logo os químicos encontraram outros procedimentos mais elaborados para preparar fibras à base de celulose.

Em 1890, o químico francês L. H. Despeissis dissolveu a celulose em hidróxido de tetra-amin-cobre. Injetando a pasta resultante, através de uma fiandeira, em um banho de ácido, constatou a coagulação de um filamento com propriedades razoáveis. Em 1898, químicos alemães transformaram esse método em um processo industrial rentável.

A fim de se constatar a estreita relação entre o progresso da ciência e da tecnologia — interdependentes, mas que muitas vezes não são concomitantes — convém fazer um reparo. Em 1857, Eduard Schweizer (1818-1860) já havia notado a dissolução da celulose em soluções concentradas de hidróxido de tetra-amin-cobre, facilmente preparado pela mistura de um sal de cobre (em geral sulfato) com amônia concentrada. Essas soluções, de um azul intenso, são chamadas de *reativo de Schweizer* e estão entre as poucas soluções capazes de dissolver celulose. Contudo, Schweizer não se interessou por possíveis aplicações práticas do seu achado.

A fibra de Despeissis, uma outra versão da celulose regenerada, ficou conhecida como *raiom cuproamoniacal* e, sintetizada em escala industrial, toma anualmente a forma de milhares de metros de tecido.

A criatividade e o conhecimento experimental, aperfeiçoados continuamente, permitiram desenvolver um outro tipo de raiom, chamado de *raiom-viscose*. Ele foi preparado por C. F. Ross e E. J. Beven, em 1892, ao tratarem a celulose com hidróxido de sódio e sulfeto de carbono. Desse modo, é formado um composto, o xantato de celulose. Por extrusão (processo de espremer através da fiandeira), esse composto dá origem a filamentos que, em etapas subsequentes, são dessulfurados, branqueados, lavados, oleados e secos.

A importância do trabalho de Staudinger

O grande desenvolvimento dos polímeros, plásticos e fibras só ocorreu quando foi possível conhecer sua verdadeira constituição. O problema estava em admitir que existiam moléculas bem maiores. Essa ideia não foi bem recebida pelos cientistas do fim do século XIX e começo do século XX. Acabou envolvendo pronunciamentos e publicações de trabalhos nos quais os pros e os contras se alternavam.

O notável químico Kekulé, ao assumir a reitoria da Universidade de Bonn, em 1877, mencionou em seu discurso de posse o fato de que as substâncias orgânicas diretamente ligadas à vida — proteínas, amido, celulose — poderiam ser constituídas por moléculas muito longas, de tal forma que suas propriedades peculiares adviriam desse fato.

Emil Fischer (1852-1919), destacado químico que estudou detalhadamente os açúcares e outras espécies químicas importantes, como aminoácidos, proteínas e polipeptídeos, se manifestou no mesmo sentido. Fischer sugeriu que os polipeptídeos sintéticos seriam cadeias lineares de aminoácidos unidos entre si pela ligação $-CO-NH-$. Essa ligação ocorre em todas as amidas e peptídeos naturais. Em uma conferência, em 1906, anunciou a existência de uma "linha ininterrupta" (isto é, uma relação estrutural) entre os mais simples aminoácidos, diméricos ou triméricos, e a proteínas naturais. Para ilustrar a sua convicção, relatou seus trabalhos na síntese de um polipeptídeo, efetuado etapa a etapa, com exaustivo registro de todos os intermediários. Tinha obtido um composto com massa molecular superior a 1.000.

Todavia, até os primeiros anos do século XX, não se dispunha de nenhuma evidência direta de que uma molécula de massa molecular na ordem de dezena de milhar pudesse existir.

Em 1920, Hermann Staudinger (cuja importante contribuição foi antecipada no capítulo 2) publicou um trabalho na prestigiosa revista científica alemã *Berichte*. Ele propôs que várias substâncias sintéticas (poliestireno, polioximetileno) e naturais (borracha) deveriam ser representadas por fórmulas de cadeias longas, predominantemente lineares.

Essa sugestão encontrou oposição, como sempre manifestada em seminários universitários e artigos em revistas científicas. Em 1921, a fim de esquentar a discussão, o físico Michael Polanyi (1891-1976) apresentou resultados de uma investigação sobre a estrutura da celulose feita com o uso de raios X.

Quando se incidem raios X sobre um pequeno fragmento — cerca de meio centímetro — de uma substância, ocorre um espalhamento da radiação. Ele é mais intenso nas direções que dependem da disposição dos átomos no cristal examinado. A forma desse espalhamento é registrada por um papel fotográfico colocado atrás da amostra. A distribuição das manchas e os ângulos de espalhamento a elas correspondentes permitem determinar não só tamanhos e distâncias interatômicas, mas também como as moléculas ou íons estão distribuídos. O que se obtém, de fato, é uma informação a respeito do arranjo espacial das moléculas ou íons na chamada *célula unitária*. Um cristal da substância, de alguns milímetros de tamanho, resulta da colocação, lado a lado, de células unitárias.

Os dados de raios X da celulose obtidos por Polanyi podiam ser explicados por dois modelos. No primeiro, se supunha que a estrutura correspondia a um longo encadeamento de moléculas de glicose. No segundo, um composto formado por duas moléculas de glicose. O físico chamou a atenção para o fato de que as informações dos raios X, sem o respaldo de outras técnicas que as complementassem, não eram conclusivas.

Nesse mesmo tempo, passou a ser difundida entre os cientistas a ideia de que uma molécula não pode ser maior do que a sua célula unitária. Como todas as células unitárias até então determinadas eram de poucos átomos, as opiniões começaram a pender a favor das moléculas pequenas.

Resultados semelhantes aos de Polanyi foram obtidos para a borracha. Hoje não temos dúvida de que a borracha é um polímero cujo monômero é o isopreno, um hidrocarboneto parafínico insaturado que na nomenclatura oficial é o 2-metil-1,3-butadieno. Porém, no início do século XX, o modelo mais aceito era o de que esse material resultava da reação de duas moléculas de isopreno, formando um dímero cíclico, originando um anel de oito membros, com duas duplas ligações, o que corresponde ao 1,5-dimetil-ciclo-1,5-octadieno.

Imaginava-se que o látex — esse mesmo que escorre da seringueira — seria constituído por agregados de algumas centenas desses ciclo-octadienos, unidos por forças de atração (chamadas de *interação através do espaço* no jargão dos especialistas) entre as duplas ligações dos dímeros. Em outras palavras, o látex seria uma solução coloidal aquosa, isto é, uma solução na qual os mencionados agregados de ciclo-octadienos estariam suspensos na água.

Staudinger esclareceu a verdade, usando o bom senso. Se a composição química da borracha se restringisse a moléculas de ciclo-octadienos, então elas poderiam ser hidrogenadas, transformando as duplas em simples ligações. Sem as duplas, os agregados da solução coloidal deixariam de existir, restando como produto final o 1,5-dimetil-ciclo-octano, de fórmula química definida e que, como acontece com qualquer substância pura, deveria apresentar ponto de fusão, propriedades físicas e de solubilização bem características. Após hidrogenar a borracha, Staudinger verificou a formação de uma mistura de hidrocarbonetos parafínicos saturados, que não cristaliza, não tem ponto de fusão definido, não pode ser destilada sem decomposição e cujas soluções têm viscosidade extremamente elevada. Portanto, a suposição inicial não era correta: a estrutura da borracha é mais complicada do que a de um simples dímero. Essa experiência, realizada em 1922, foi a evidência crucial da existência de macromoléculas. Em seguida, surgiram mais dados experimentais, comprovando o acerto das concepções de Staudinger.

Para que servem os polímeros sintéticos

Em nosso dia-a-dia lidamos com uma infinidade de objetos e equipamentos construídos com polímeros sintéticos. Eles são usados nas mais diversas áreas: em comunicação, recreação, decoração, construção, habitação, etc. Mas essa relação está longe de ser completa.

Para avaliar a versatilidade das aplicações, destacamos, a seguir, alguns aspectos favoráveis ao manuseio de plásticos poliméricos.

• *Processabilidade*: É muito fácil obter os produtos no formato final, usando diferentes técnicas de moldagem. Formas complexas, com muitos detalhes e disposições intrincadas, são produzidas sem muito esforço.

• *Peso*: Os plásticos são mais leves que o vidro ou os metais. Permitem construir objetos com pesos que variam da metade a um décimo daqueles preparados com outros materiais.

• *Resistência*: Ainda que possam ser tão transparentes quanto os vidros, são muito mais resistentes. Quando quebram, não formam pontas, e não estilhaçam ao receber um impacto. Isso é muito importante do ponto de vista de segurança de manuseio ou utilização.

• *Lubrificação*: São materiais de baixo atrito. Por isso, podem funcionar como suportes de eixos (mancais), com pouco desgaste.

• *Isolação*: Têm excelentes propriedades de isolação elétrica e acústica, que são acentuadas quando estão na forma de espumas. Em geral, são mais leves que as cerâmicas isolantes.

• *Ignição retardada*: Os plásticos incendeiam mais lentamente que a madeira, a tinta ou o papel, materiais responsáveis pela propagação de grandes incêndios urbanos.

• *Aparência*: Não há limites para as cores ou acabamentos das superfícies. Além disso, podem ser transparentes como o vidro, translúcidos ou opacos.

• *Resistência às variações climáticas*: Não enferrujam como o ferro, nem incham ou racham como a madeira. Expostos à inclemência do tempo, podem ficar com a mesma aparência durante dezenas de anos.

• *Resistência a agentes químicos*: Em relação a reagentes inorgânicos, são mais resistentes que a madeira, o metal ou o papel. Já com os reagentes orgânicos, a reatividade e a solubilidade são variáveis. Alguns plásticos não reagem com a maioria dos produtos orgânicos comuns em laboratório.

• *Facilidade de obtenção de matérias-primas*: São fabricados a partir de materiais obtidos principalmente do petróleo, do sal de cozinha e do ar. O petróleo fornece, durante o refino, alguns dos monômeros. O sal dá o cloro, e o ar fornece nitrogênio e oxigênio, gases usados em diferentes etapas de polimerização ou no preparo de outros insumos usados na indústria de polímeros.

A todas essas vantagens soma-se a da facilidade de reciclagem, cujo valor deve ser ressaltado quando se leva em conta a busca de soluções para as agressões ao meio ambiente. Todos os chamados *termoplásticos*, isto é, aqueles que são moldáveis a quente, podem ser reciclados. Para isso, o plástico usado é moído e fundido, sendo transformado em laminados ou matéria-prima para os mesmos empregos que os originais.

Existem muitos polímeros, para as mais variadas aplicações. Alguns estão relacionados a seguir.

Polietileno

O polietileno foi preparado pela primeira vez em 1933. É sintetizado pela polimerização do eteno (nomenclatura oficial) ou etileno (nomenclatura usual) e separado nas torres de destilação das refinarias de petróleo. Pode ser preparado na forma de películas de espessura da ordem de décimos de milímetros — os chamados *filmes* — usados com frequência em embalagens de alimentos ou em saquinhos e sacolas com mensagens publicitárias. Pode também ser moldado em garrafas, usadas frequentemente para embalar leite ou água de lavadeira (solução de hipoclorito de sódio a 5%).

PVC (Policloreto de vinila)

O cloreto de vinila (nomenclatura usual), utilizado no preparo do policloreto de vinila, é também sintetizado a partir do eteno. Na presença de cloro e oxigênio, o eteno se converte em cloro-eteno (nomenclatura oficial).

O polímero resultante é rígido e resistente. A sigla comercial PVC é abreviatura do inglês *polyvinylchloride*. Também é muito usada a designação simplificada de "vinil". Encanamentos para água e esgoto estão entre seus principais usos. Brinquedos e embalagens de xampu também são feitos de PVC.

Polipropileno

O propeno (nomenclatura oficial) ou propileno (nomenclatura usual) também é um produto do refino do petróleo. Polimerizado na forma de polipropileno, é usado para a confecção de cordas, fibras para carpete, redes de pesca, filmes para embalagens e partes moldadas de automóveis (grades frontais). Emprego importante é a fabricação da ráfia sintética, utilizada para substituir a juta (fibra natural vegetal celulósica) em sacarias para cereais e outros produtos agrícolas.

Poliestireno

O poliestireno é preparado a partir do eteno e benzeno petroquímicos, dos quais se sintetiza o monômero estireno. Com o poliestireno são fabricados pentes, brinquedos, utensílios de cozinha, cartões de crédito, copos descartáveis para água ou café (aplicações com as quais convivemos diariamente). Uma de suas vantagens é que pode também ser preparado na forma de *isopor*, uma espécie de poliestireno muito leve, de excelentes propriedades como isolante térmico e elétrico. O isopor é também chamado de *estiropor*, palavra que vem da locução "estireno poroso". Para a obtenção de isopor, o polímero na forma de pequenas contas é aquecido juntamente com um solvente volátil, como por exemplo o pentano, cujo ponto de ebulição é 36°C. A expansão do vapor do solvente deixa muitas bolhas no interior da massa aquecida, gerando uma espuma fofa. Em uma outra versão preparativa, o solvente volátil, chamado de *agente de expansão* no jargão industrial, é adicionado diretamente ao monômero. Assim, o polímero já se forma altamente poroso e pouco denso.

Aqui temos um exemplo interessante de como se pode resolver uma questão ambiental. Enquanto não se conheciam os efeitos nocivos dos clorofluorocarbonetos (CFC), eles eram empregados como agentes de expansão do estiropor. Posteriormente, foram substituídos pelo pentano, que, por ser uma parafina saturada, é muito pouco reativo e, assim, não causa danos ecológicos.

Poliéster

São muito comuns os tecidos de poliéster. As fibras desses têxteis são, na realidade, copolímeros derivados de eteno e ácido tereftálico, constituindo os polietilenotereftalatos. O ácido tereftálico é preparado a partir do *para*-xileno, também de origem petroquímica. O eteno é convertido em etilenoglicol e só então polimerizado com o ácido tereftálico. Uma das vantagens dos tecidos de poliéster é que são mais facilmente lavados que os de algodão e não perdem o vinco. Fitas magnéticas para gravação e laminados finos para embalagens de alimentos, do tipo que pode ser aquecido, também estão entre suas aplicações. Destaca-se ainda o uso na fabricação de resistentes garrafas plásticas de grande volume (um litro ou mais) para refrigerantes. Estima-se que 50% da produção de poliéster é consumida em vestuário, 30% em usos industriais diversos e o restante em equipamentos domésticos.

As fibras sintéticas — mostradas saindo da fiandeira — permitem tecidos mais duráveis e baratos. Elas podem ser entretecidas com fibras naturais.

Poliacrilonitrila

A acrilonitrila é o monômero da poliacrilonitrila, uma fibra muito usada na fabricação de carpetes e tapetes acrílicos. A indústria de roupas também lança mão de fibras acrílicas, usualmente associadas a outras naturais, frequentemente ao algodão. Uma das marcas comerciais é o Orlom.

Polimetilmetacrilato

O metacrilato de metila polimeriza formando o polimetilmetacrilato. Ele pode ser laminado em chapas de diversas espessuras, tão transparentes que substituem o vidro. São comercializadas com várias marcas, como lucite ou plexiglas.

Náilon

Polímero de grande importância, o náilon provém da reação de ácidos carboxílicos com aminas, dando origem às amidas. É nesse campo que se encontra um dos aspectos mais interessantes da visão de mercado de hábeis empresários industriais.

Em 1928, uma grande companhia química norte-americana, a Du Pont, contratou o químico Wallace Carothers Hume (1896-1937). Esse pesquisador era, até então, professor na Universidade Harvard e investigava polímeros naturais, como a borracha, proteínas e resinas. O sucesso do investimento da empresa na inteligência especializada ficou evidente em pouco tempo. Dos esforços de Carothers nos laboratórios industriais de P&D resultou, em fevereiro de 1935, o náilon 66, sintetizado pela reação do ácido adípico (diácido orgânico de seis carbonos) com hexametilenodiamina (também com seis carbonos, daí o número 66).

A equipe do pesquisador se impressionou com a elasticidade desse material, que podia formar fibras mais resistentes do que qualquer outro, natural ou sintético, até então conhecido. Embora o primeiro uso projetado fosse a fabricação de cerdas para escovas de dentes, logo se percebeu que finalmente a química tinha fornecido um substituto para a seda. E qual era a importância disso?

No início dos anos 1930 a moda para as mulheres era usar saias mais curtas, a fim de que as pernas ficassem à mostra. Em consequência disso, o estoque de meias de seda desapareceu dos balcões das lojas. Sua reposição envolvia gastos apreciáveis, pois o cultivo do bicho-da-seda é delicado e o manuseio dos casulos e do filamento natural é trabalhoso e caro. Assim, o náilon se tornou um substituto inevitável, sem os percalços da criação do *Bombyx* ou da plantação da amoreira. Com os fios de náilon foi possível fabricar meias que assentavam com naturalidade, e com cores e transparência bastante atraentes.

A primeira venda de meias de náilon aconteceu em 24 de outubro de 1939, em Wilmington, Delaware, Estados Unidos, local da sede da empresa que empregara Carothers. As fotos da ocasião mostram a balbúrdia causada pelo evento. Pacatas donas de casa e mães de família disputavam as meias aos trancos e aos supetões, e as experimentavam em plena via pública. O novo produto, uma conquista da pesquisa científica, mostrou como a química é capaz de adicionar mais sensualidade às pernas femininas.

No final de década de 1930, a nova fibra, o náilon, revolucionou a qualidade das meias femininas. A foto da época registra a incontida ânsia de experimentar a novidade.

Poliuretana

Chama-se uretana o produto da reação de um isocianato orgânico (grupo funcional $-NCO$) com um álcool. A reação do diisocianato de metila ou do tolueno diisocianato com o polietilenoglicol origina, respectivamente, as espumas rígidas ou esponjosas, chamadas de poliuretanas. Espumas macias para colchões e duras para embalagens de alimentos ou peças delicadas estão entre as aplicações mais comuns. O efeito de formação de espuma é conseguido juntando-se água, que reage com o isocianato, formando gás carbônico. As bolhas desse gás, ao se expandir na massa em polimerização, geram a textura da espuma, de modo análogo à ação das bolhas de gás carbônico, que fazem um bolo crescer durante o seu cozimento. Nas indústrias, para completar o efeito do gás carbônico, costuma-se juntar outros agentes de expansão. Foram muito usados os freons ou clorofluorocarbonetos (CFC), mas seu uso foi banido na maior parte do mundo, devido aos efeitos de agressão desse material sobre a camada de ozônio. Aqui também, como no caso do poliestireno, o pentano é o substituto dos CFCs por não agredir o ambiente.

Teflon

O tetrafluoroeteno (nome oficial) ou tetrafluoroetileno (nome usual) é o monômero do politetrafluoroetileno (PTFE), mais conhecido no comércio com o nome de Teflon. Trata-se de um polímero de cor branca, com grande inércia química, isto é, não reage com facilidade. A baixa reatividade o torna ideal para fabricar peças ou revestimentos que devam resistir à agressão de substâncias corrosivas. Essa inércia química também encontra utilização em medicina, na produção de válvulas cardíacas artificiais que não sofrem os transtornos da rejeição, pois o Teflon não estimula o sistema imunológico do corpo humano.

A maior parte das substâncias não adere a uma superfície revestida de Teflon. Isso permite a construção de mancais (suportes de eixos) de baixo atrito e frigideiras que fritam ovos sem necessidade de óleo. Nesse último caso, existe a vantagem adicional de que a limpeza fica facilitada, mesmo se utilizando as lavadoras automáticas.

Silicones

O silício é um elemento químico da família do carbono. Portanto, as ligações Si–Si e Si–H são análogas, respectivamente, às ligações C–C e C–H. O silício forma ligações estáveis com o carbono, Si–C, e com o oxigênio, Si–O. Isso permite a preparação de polímeros artificiais, os silicones, baseados na cadeia de siloxano

...–Si–O–Si–O–Si–O–Si–O–...

que, como já foi mencionado, existe na sílica e no vidro.

Quando os átomos de silício da cadeia de siloxano se ligam a grupos derivados de hidrocarbonetos, formam-se os silicones. Se cada átomo de silício se liga a dois grupos metilas, obtêm-se os óleos de silicone. Estes resistem, sem decomposição, ao aquecimento a altas temperaturas e apresentam viscosidade que varia pouco em relação às mudanças de temperatura. Essas propriedades são muito distintas daquelas apresentadas por hidrocarbonetos de quinze a vinte átomos de carbono, que são líquidos a temperaturas elevadas, sólidos ou pastosos a temperatura ambiente e de viscosidade fortemente dependente de temperatura.

Borrachas de silicone, comercializadas em bisnagas, funcionam como adesivos e vedantes. São preparadas a partir de moléculas análogas às dos óleos de silicone, de alta massa molecular, nas quais alguns grupos metilas estão substituídos por grupos acetato. Quando essas borrachas são aplicadas sobre ou entre superfícies, ficam expostas à umidade do ar. Os grupos acetato hidrolisam, formando ácido acético, que se desprende para o ambiente, deixando grupos hidroxilas (–OH) ligados aos átomos de silício. A reação prossegue através de grupos hidroxilas de moléculas vizinhas. Com a perda de água, esses grupos se unem formando uma ligação — uma ponte de oxigênio — que as conecta. A formação dessas pontes amarra as diferentes cadeias poliméricas, originando um material de consistência da borracha. As colas para aquários são usualmente borrachas de silicone.

Existem inúmeros tipos de silicone, cujas propriedades variam de acordo com os grupos derivados de moléculas orgânicas, presos aos átomos de silício. Os silicones têm inúmeras aplicações: em solados para botas de astronautas, recobrimentos repelentes à água, isolantes elétricos, torneiras para equipos de laboratório, como partes ou órgãos artificiais do corpo humano, em equipamentos médicos.

Outros plásticos

• É muito comum móveis domésticos e comerciais terem um revestimento de fórmica. Esse material é um polímero formado a partir de ureia e formol.

- O epóxi é usado em adesivos e revestimentos. Trata-se de um copolímero de fenol, acetona e epicloridrina. A epicloridrina é um dos derivados do 1-cloro-2-propeno, no qual uma das ligações da dupla é substituída por uma ponte de um átomo de oxigênio, conectando os carbonos 2 e 3.
- O neoprene, utilizado em mangueiras e luvas industriais, é bastante resistente à ação de solventes. Trata-se de um polímero do cloropreno, nome usual do 2-cloro-1,3-butadieno.
- Plásticos capazes de suportar altas temperaturas são fabricados pela reação de dianidrido piromelítico com 1,2-diamino-etano. O copolímero resultante, que quimicamente pertence à classe das poliimidas, suporta, por um certo tempo, a chama de um maçarico. Variando a natureza da diamina, obtêm-se materiais adequados para diferentes temperaturas.
- Na década de 1970, um análogo do náilon, contendo anéis benzênicos, foi preparado nos laboratórios de P&D da Du Pont, a mesma empresa na qual Wallace Carothers executou seu destacado trabalho. Trata-se, portanto, de uma poliamida aromática, porém obtida pela reação de ácido tereftálico com *para*-fenilenodiamina. Uma particularidade muito interessante é que fibras ou laminados desse material, comercializados com a marca Kevlar, apresentam suas longas cadeias dispostas, mantendo um certo grau de paralelismo, de tal modo que o resultado é um arranjo bastante resistente. Um laminado de um centímetro de espessura suporta tiros de armas de fogo. Tem-se assim um "plástico a prova de balas". Entre as aplicações do kevlar estão coletes e revestimentos a prova de bala, capacetes para motociclistas, cabos de raquete de tênis e peças para veículos em geral.

7. A química e seu impacto na sociedade

A NATUREZA FUNCIONA ATRAVÉS DE DELICADOS EQUILÍBRIOS QUÍMICOS, PRODUZINDO UMA INFINIDADE DE SUBSTÂNCIAS. A VIDA E O MECANISMO DA HEREDITARIEDADE SE BASEIAM EM COMPLEXAS ESTRUTURAS MOLECULARES E UM NÚMERO IMPRESSIONANTE DE REAÇÕES. A AFIRMAÇÃO "TUDO É QUÍMICA" NÃO É UM RECURSO DE RETÓRICA, MAS A CONSTATAÇÃO DA IMPORTÂNCIA DESSE RAMO DO CONHECIMENTO HUMANO.

A química, apesar de estudar as substâncias materiais e suas transformações, não deixa de ser uma ciência estreitamente ligada à vida. Os materiais provêm da natureza e, após processados quimicamente, voltam a interagir com ela. Esses materiais, extraídos do ambiente, são importantes para construir desde abrigos até ferramentas e instrumentos. Alguns exemplos permitem materializar a verdade das reflexões aqui feitas. A seguir, analisaremos alguns casos importantes.

O caso da indústria de corantes

Durante séculos o homem utilizou corantes naturais. O vermelho das capas dos romanos — a púrpura de Tiro —, por exemplo, provinha de um molusco, o *Murex*, um caramujo marinho cujas espécies mais comuns são o *Murex branduris* e o *Murex trunculus*. Outro corante bastante conhecido, o índigo, ainda hoje é utilizado nas calças *jeans*. Extraído da planta *Isatis tinctoria*, esse corante tornou-se bastante conhecido dos egípcios, dos gregos, dos romanos e dos bretões. A malva, um corante de cor mista entre o violeta e o púrpura, era obtida das raízes da planta *Rubia tinctorium*. Essa cor foi popularizada pela Rainha Victoria (1819-1901), da Inglaterra, entre os seus súditos e teve grande aceitação no mundo todo.

Um químico inglês, William Henry Perkin (1838-1907), procurou sintetizar o corante malva (também chamado de *malveína* ou *mauveína*), para obter um produto de especificações e características mais constantes que o material natural. Em 1856, após detalhado estudo experimental, Perkin patenteou o processo de síntese da malva, baseado na oxidação da anilina com o dicromato de potássio. Em 1857, juntamente com o pai e um irmão, ele montou na Inglaterra uma indústria dedicada à fabricação do produto. O fato de a anilina (amino-benzeno) ter sido a matéria-prima do primeiro corante sintético fez com que a palavra *anilina* passasse a designar, na linguagem popular, qualquer corante.

O químico William Perkin, o pioneiro dos corantes sintéticos, segundo pintura de 1906.

A malva de Perkin teve um grande sucesso comercial. Com isso, disparou a procura de outros corantes sintéticos. A constatação importante é que a maioria deles foi sintetizada na Alemanha permitindo o estabelecimento de uma grande indústria química naquele país. No fim do século XIX, as pequenas e médias fábricas germânicas foram se unindo em aglomerados, os cartéis, e adentraram o século XX, formando o grande complexo industrial IG Farben (Interessengemeinschaft Farbenindustrie Aktiengesellschaft ou Sindicato das Corporações das Indústrias de Corantes), que teve um marcante impacto econômico no mercado mundial. Nessa associação, as companhias originais mantinham sua independência, mas estabeleciam políticas de produção e de divisão de mercado.

Por que o campo de investigação e fabricação de corantes, destacado pela grande importância econômica, nasceu na Inglaterra, mas frutificou na Alemanha, garantindo sua liderança comercial entre as nações? A resposta é que aqui se materializa o efeito da pioneira escola de Liebig, iniciada na Universidade de Giessen, em 1825. Primeira escola de formação profissional de químicos, ela influiu de tal modo que todos os químicos importantes do século XIX foram alunos de Liebig ou de seus antigos alunos. O próprio Perkin foi aluno de August Wilhelm von Hofmann (1818-1892), aluno de Liebig. Embora a Inglaterra e a França tivessem grandes químicos que acompanharam e desenvolveram a revolução iniciada por Lavoisier, esses dois países não se preocuparam com a formação de profissionais devotados à química. Bem distinta era a situação dos alemães, fortes na educação científica e entusiastas no emprego de cientistas na indústria. Basta dizer que, em 1897, 4 mil químicos germânicos atuavam fora das universidades! Destes, 250 trabalhavam no setor inorgânico, mil no orgânico e cerca de seiscentos em outros negócios químicos ou farmacêuticos.

Na Alemanha, portanto, intelectos preparados puderam seguir a trilha aberta por Perkin. Por exemplo, em 1883, Adolf von Baeyer (1835-1917) sintetizou o índigo. Outros corantes se sucederam, firmas se organizaram — favorecidas por políticas econômicas governamentais —, e, como já apontado, foram se englobando em associações de interesses, os cartéis. Laboratórios de Pesquisa e Desenvolvimento (P&D) se instalaram e foram utilizando, direta ou indiretamente, os serviços dos melhores cérebros. Nessa linha de conduta, nas primeiras décadas do século XX, a IG Farben contratou o grande químico Fritz Haber (1868-1934) — que desenvolveu a síntese da amônia a partir do nitrogênio e do hidrogênio — para atuar como conselheiro e recrutar pós-graduados brilhantes, com doutoramento em química, nos melhores centros de ensino dessa área, a fim de integrar seus quadros.

O impacto dos corantes na agricultura e na medicina

A constatação das implicações químicas e não-químicas da escola de Liebig não se esgota nas considerações já expostas. É preciso ressaltar que a substituição dos corantes naturais por produtos sintéticos liberou enormes extensões cultiváveis em todo o mundo para o plantio de espécies nobres, alimentícias. Na Índia, os grandes fazendeiros abandonaram a produção de *Isatis tinctoria* (índigo), e passaram então a produzir arroz. Apesar da reviravolta econômica que o término da exportação de índigo (8 mil toneladas em 1897) possa ter representado para os indianos, o efeito a longo prazo da expansão da agricultura de subsistência não pode ser menosprezado.

O estabelecimento de uma ativa indústria de corantes ao longo da segunda metade do século XIX causou um grande impacto na biologia e na medicina. A observação de células e tecidos ao microscópio pôde ser enriquecida corando-se convenientemente os materiais biológicos. Detalhes, características e padrões, que de outra forma são invisíveis em uma célula, tornaram-se evidentes. Até mesmo uma técnica de diferenciação de bactérias, empregando corantes adequados, foi introduzida por Hans Christian Gram, em 1884. Essa técnica, destinada à identificação de espécies causadoras de doenças, é usada até hoje. Nas aplicações médicas dos corantes, destacam-se os nomes de Robert Koch (1843-1910) e de seu aluno Paul Ehrlich (1854-1915).

O impacto da síntese da amônia

O processo de síntese da amônia, criado por Fritz Haber e transportado para a escala industrial por Carl Bosch (1874-1940), permitiu à

Alemanha resistir ao cerco dos aliados, durante a Primeira Guerra Mundial (1914-1918). Como uma substância química pode ter atuação assim tão relevante? Isso se liga à facilidade com que pode ser submetida a uma grande variedade de transformações.

O químico Fritz Haber ao tempo da Primeira Guerra Mundial. Ele se tornou conhecido por desenvolver a síntese da amônia.

A amônia é matéria-prima para muitas outras substâncias. A sua reação com oxigênio, por exemplo, catalisada por platina, leva ao ácido nítrico. A neutralização do ácido nítrico com a amônia origina o nitrato de amônio. Esse é um material estratégico, porque pode ser empregado como adubo, na agricultura, ou como explosivo, para fins militares.

A Alemanha sitiada não podia trazer do exterior o salitre, fonte natural de nitrato para fertilizantes e munição. Mas qualquer que fosse o cerco imposto, os aliados jamais conseguiriam cortar os suprimentos de água e ar do país e, menos ainda, impedir que as pessoas usassem do seu conhecimento tecnocientífico. O ar fornece o nitrogênio, e a água o hidrogênio (por eletrólise ou decomposição catalisada). Dispondo dos reagentes de partida do processo Haber, o resto é química!

Os aliados sofreram bem mais as consequências do cerco imposto do que os próprios alemães. Isso porque os aliados não tinham acesso a corantes, remédios, vidros especiais, reveladores e materiais fotográficos, produzidos e exportados pela diversificada indústria química germânica. Isso deu chance a casos pitorescos, como o do submarino alemão *Deutschland*, que em 1916, por duas vezes, furou o cerco para transportar corantes da Alemanha para a indústria têxtil dos Estados Unidos.

Todas essas circunstâncias mudaram as atitudes do resto da Europa e da América do Norte para com a ciência e, em particular, para com a química. Após a Primeira Guerra Mundial, passaram a dar mais destaque à investigação química, nas universidades e nas indústrias. Quando da Segunda Guerra Mundial (1939-1945), as indústrias químicas e os centros de pesquisa europeus e norte-americanos atenderam não só a demanda de explosivos e de reagentes especiais, mas também a de isótopos puros para as novas armas nucleares, metais leves, borrachas sintéticas, combustíveis de aviação, óleos e gorduras sintéticos.

As competitivas associações industriais alemãs — nos ramos metalúrgico, mecânico e químico — terminaram seus dias com o final da Segunda Guerra Mundial. Por decisão dos aliados vitoriosos, foram desmanteladas com o objetivo de "tornar impossível qualquer ameaça futura aos vizinhos da Alemanha ou à paz mundial". A destacada IG Farben foi dividida em três empresas menores: a Bayer, a Basf e a Hoechst (esta, absorvida pela multinacional Sanoti-Aventis, em 2004). Herdeiras das sólidas infraestruturas e do saber-fazer, elas passaram a ter papéis de destaque entre as transnacionais do ramo químico e, hoje, exercem liderança em escala global.

As propriedades químicas do cimento

Não só os corantes ou a amônia mostram a importância do conhecimento científico e químico, em particular. As pesquisas a respeito da constituição do cimento e do seu processo de secagem tiveram de aguardar os avanços da compreensão teórico-prática e das técnicas analíticas. Em 1883, cerca de 50 anos após a introdução do cimento Portland, o destacado químico francês Henry Louis le Chatelier (1850-1936) usou de métodos petrográficos para estudá-lo. Contudo, era muito difícil entender como diferentes fases, cada uma equivalendo a uma porção homogênea, poderiam coexistir. Le Chatelier não dispunha de meios nem ao menos para saber quantas fases diferentes poderiam ser achadas!

Em 1878, o físico e matemático norte-americano Josiah Willard Gibbs (1839-1903) havia publicado, em obscuros Anais da Academia de Ciências de Connecticut, a sua *regra das fases*. Ela estabelece quantas fases podem coexistir quando se mistura um dado número de componentes, dentro de condições determinadas. Alguns anos transcorreram até que as ideias de Gibbs atingissem os meios acadêmicos mais desenvolvidos do que eram então os dos Estados Unidos. Somente em 1915 o equilíbrio de fases em sistemas de silicatos foi adequadamente analisado, através da regra das fases de Gibbs, e estendido ao cimento. Daí em diante, a melhor compreensão acerca desse importante material de construção facilitou as tarefas de arquitetos e especialistas em edificações.

Vemos aqui que uma descoberta fundamental, como a de Gibbs, podia parecer sem aplicações quando foi publicada. Contudo, à medida que a comunidade tecnocientífica foi incorporando as ideias, surgiram novas descobertas e usos em problemas cotidianos. A compreensão finalmente atingida se desdobrou em impactos sobre atividades que no princípio pareciam desconectadas das elucubrações gibbsianas.

A importância do estudo da combustão

O trabalho de Lavoisier — que investigou a combustão, derrubou a teoria do flogístico e esclareceu o conceito de elemento químico — teve também grande impacto social.

A metalurgia do ferro envolve a redução de seus minérios — na maior parte óxidos de ferro — com carvão. Executar esse processo dentro de padrões econômicos exige conhecimento dos acontecimentos: uma reação que envolve o carbono do carvão com o oxigênio do óxido, e não uma troca de flogístico. Além disso, o desenvolvimento da máquina a vapor, na segunda metade do século XVIII, por James Watt (1736-1819), trouxe, de um lado, aumento da demanda de carvão e, de outro, meios para obter mais carvão. De fato, a partir da máquina de Watt foi possível bombear eficientemente a água que inundava os túneis das minas e construir elevadores com grande capacidade de carga. Em consequência disso, os poços de acesso se tornaram mais profundos e as minas, mais produtivas.

Com o aumento da disponibilidade de carvão, a metalurgia foi incrementada. A manufatura de objetos de ferro e seu emprego em múltiplas aplicações cresceram.

Se as ideias de que o carvão era flogístico quase puro e de que um metal tinha na sua formação cal metálica mais flogístico tivessem prevalecido, um desenvolvimento fundamental para o progresso teria sido retardado. O trabalho de Lavoisier e dos químicos que com ele colaboraram se constituiu na contribuição da química para a Revolução Industrial dos séculos XVIII e XIX.

A importância dos plásticos

O estudo dos polímeros permitiu a obtenção de fibras artificiais e plásticos. Para isso, trabalhos fundamentais foram feitos nos laboratórios de pesquisa das universidades, como aqueles estudos realizados por Staudinger. Contudo, grandes sucessos foram conseguidos em laboratórios industriais de P&D. Na Europa da primeira metade do século XX, a IG Farben investiu inúmeros esforços na produção de fibras industriais mais resistentes. Além de ter executado investigações pioneiras de aplicação dos raios X para a elucidação da estrutura de fibras, desenvolveu tipos diferentes de poliestireno, polivinil, acrílico e borrachas sintéticas do tipo Buna (polibutadieno).

A importância da P&D industrial no campo de polímeros também se evidencia no caso do náilon, do Neoprene e do Teflon (politetrafluoroetileno), criados pela firma química norte-americana Du Pont. Para nos restringirmos ao caso do náilon, é relevante destacar que seu sintetizador, W. H. Carothers, era pesquisador da Universidade Harvard e foi convidado, em 1928, para assumir uma posição naquela indústria, em uma clara demonstração de agudo senso de percepção do futuro por parte dos diretores da empresa. Vê-se aqui que não existe grande distância entre o conhecimento acadêmico e o aplicado. É bom ressaltar que a segunda metade do século XX se caracterizou pela diminuição dos prazos entre os desenvolvimentos fundamentais e sua utilização em larga escala.

A própria Du Pont, por volta de 1970, desenvolveu um novo plástico, o Kevlar. Vimos essa poliamida, semelhante ao náilon, mencionada no capítulo 6. O ponto importante é que uma diferença química estrutural (monômeros aromáticos, isto é, contêm anéis benzênicos em vez das cadeias hidrocarbônicas abertas do náilon) é a responsável por profundas alterações de propriedades. O Kevlar, uma poliamida aromática ou "aramida", é tão resistente que permite fazer chapas e coletes à prova de bala e outros objetos já mencionados. Tão resistente que, no início da década de 1990, chassis de automóveis, como as esportivas Ferrari, foram fabricados com esse material.

A química e o meio ambiente

O mundo se vê atingido por problemas em escala global, isto é, que cobrem todo o planeta. A maioria das pessoas, por exemplo, já está familiarizada com o efeito estufa, que eleva a temperatura da Terra, e com os perigos dos buracos na camada de ozônio da estratosfera. A diminuição da concentração de ozônio permite que os nocivos raios ultravioleta atinjam o solo com uma maior intensidade. Os dois casos decorrem da atividade humana; no primeiro, através da produção de dióxido de carbono pela queima de combustíveis fósseis, e, no segundo, pela liberação de clorofluorocarbonetos (de aerossóis) ou óxidos de nitrogênio (de motores de combustão interna).

A situação se complica ainda mais pelo fato de que o transporte rápido e a comunicação instantânea aumentam o número de consumidores das mais variadas substâncias. Da demanda resulta a necessidade de produção em imensas quantidades. Aparecem enormes instalações industriais acompanhadas do embarque por vias aérea, terrestre e marítima de grandes quantidades de materiais potencialmente perigosos. O resultado é um grande risco de poluição e de agressão ambiental.

Esses aspectos podem levar aqueles que agem por impulso a simplesmente condenar a química. Mas, na realidade, os problemas encontram solução na própria química; por exemplo, através de modificações de catalisadores e de processos produtivos, cujo resultado é a diminuição dos custos e dos volumes de efluentes das fábricas. É possível realizar progressos mais drásticos, como criar novos procedimentos industriais que simplesmente não produzam rejeitos! Essa é uma solução radical em pleno desenvolvimento. Adicionalmente, pode-se contar com a reciclagem e a reutilização.

Os metais, os papéis e muitos plásticos podem ser reciclados transformando-se em materiais disponíveis para uma reutilização. Isso evita muitas etapas de extração e processamento industrial, preservando, assim, o meio ambiente. Por outro lado a reutilização, ao invés do "uso-e-descarte", especialmente de embalagens, é um hábito econômica e ambientalmente saudável que deve passar a fazer parte da vida de todas as comunidades.

Não se deve esquecer que o conhecimento sobre a estabilidade e a reatividade de muitas substâncias, naturais e sintéticas, que ocorrem na atmosfera, no solo, nas águas de rios e mares é ainda incompleto! Portanto, muito esforço de investigação química ainda está por ser realizado para esclarecer quais são os reais riscos ecológicos e de saúde. Do resultado das futuras descobertas, surgirão alternativas hoje imprevisíveis a fim de resolver problemas ambientais.

A química é boa ou má?

Essa é uma questão que, nesta altura do livro, já está respondida. Sendo fruto da atividade racional do ser humano, no seu esforço de entender tudo que o rodeia, ela não pode ser intrinsecamente má. Ajudando o homem a interagir com a natureza e a se adaptar ao ambiente, a química acompanhou todas as etapas de transformações sociais.

É claro que ante uma chaminé que expele dióxido de enxofre, ou diante de um derramamento acidental de petróleo, alguém poderá manifestar suas dúvidas. Mas esses problemas têm soluções que vão desde o aproveitamento de rejeitos, em processos paralelos para a síntese de subprodutos, até alternativas energéticas que acabem com a malversação do petróleo como combustível, quando na realidade ele é uma grande fonte de matéria-prima.

No Brasil, o etanol representa uma alternativa energética importante, ao mesmo tempo que mostra a viabilidade de uma modalidade industrial agroquímica conversora de biomassa em energia. Seus rejeitos — bagaço e vinhoto — são problemas com soluções, pois o primeiro pode ser usado para fornecer calor (por queima) ou como fonte de celulose para a produção de derivados ou de papel e o segundo, transformado em adubo.

Os inseticidas também apresentam aspectos positivos e negativos. O DDT (diclorodifeniltricloroetano) representou uma conquista no combate aos insetos transmissores (vetores) de doenças como a maleita e a dengue. Sabe-se que os insetos levam cerca de 7 anos para desenvolver formas resistentes ao DDT e que é possível, pela aplicação correta desse inseticida, durante o prazo de 5 anos, erradicar os insetos vetores. Assim, o emprego correto do DDT tem efeito saneador. Contudo, o DDT foi mal usado em muitas partes do mundo, vindo a contaminar o capim, o gado (trazendo riscos à saúde no consumo da carne e do leite) e mesmo seres humanos (em alguns casos até o leite materno!).

A solução para esse grave problema foi a suspensão imediata do uso do DDT e um recrudescimento, ao final do século XX, das doenças cujos vetores anteriormente combatia. Mas existem alternativas, descobertas pela química, para uso de produtos repelentes ou inseticidas de origem natural. Entre essas alternativas destacam-se os derivados do ácido crisantêmico conhecidos com o nome de *piretrinas*, que ocorrem em flores bastante apreciadas: os crisântemos.

Com tantos exemplos, fica evidente que, com bastante entendimento, aliado à criatividade e imaginação, podemos ver com otimismo o futuro da utilização da ciência, da tecnologia e, em particular, da química.

A química acabaria se o petróleo e as usinas nucleares também acabassem?

Essa é uma pergunta que tem transitado em muitos meios escolares e intelectuais. Ela revela uma visão muito restrita das finalidades e métodos da química. Para responder a essa objeção seria suficiente lembrar que uma destacada fase de desenvolvimento dessa ciência — da qual muitas passagens foram abordadas nas páginas deste livro — ocorreu nos séculos XVIII e XIX sem o petróleo e sem a energia nuclear, que se consolidaram apenas no século XX!

A química tem encontrado alternativas para o petróleo e para as fontes convencionais de energia. Essas alternativas vão desde a gasolina sintética de origem não-petroquímica até as placas de silício puro, que funcionam como "conversores fotovoltaicos" capazes de transformar a luz do Sol em eletricidade.

Na falta de petróleo ele pode ser substituído por polímeros e fibras naturais, de origem vegetal (celulose) e animal (proteína da seda ou a galalite preparada de caseína do leite). Um mundo sem energia nuclear pode desenvolver como combustível o hidrogênio obtido da eletrólise da água feita através de uma pilha de concentração baseada na diferença de salinidade da água do mar ou mediante uma termopilha, que lança mão de eletrodos iguais, mas a diferentes temperaturas, aproveitando mais uma vez a energia solar.

Portanto, a questão aqui proposta está em "xeque-mate", tendo em vista que podemos mostrar com segurança a existência de uma infinidade de soluções químicas — bem mais numerosas do que aquelas aqui expostas —, as quais permitirão uma vida melhor até mesmo em um mundo sem petróleo e sem energia nuclear.

8. Sonhando o futuro

É POSSÍVEL A ANÁLISE DE MUITOS CASOS, ALÉM DAQUELES RELATADOS NOS CAPÍTULOS ANTERIORES, E A EXPOSIÇÃO DE INÚMERAS CONSIDERAÇÕES, QUE SOMARIAM MAIS ARGUMENTOS E CONSTATAÇÕES A TUDO O QUE FOI ATÉ AQUI APRESENTADO. VERIFICAREMOS QUE AS PREOCUPAÇÕES HUMANAS (QUE SE ESTENDEM DESDE MATÉRIAS-PRIMAS ATÉ MEIO AMBIENTE E QUALIDADE DE VIDA) ESTÃO ESTREITAMENTE LIGADAS AO CONHECIMENTO E DESENVOLVIMENTO DA QUÍMICA.

A química e os problemas da nação

A ciência é uma conquista do ser humano e, por isso, ultrapassa as fronteiras das nações. Mas o estudante de ciência vive dentro de uma comunidade, de um país e, assim, se vê cercado por problemas particulares dessa sociedade. Por isso, ele precisa buscar soluções locais, sem perder, se possível, uma visão universal.

Na última década do século XX, o mundo assistiu à queda do Muro de Berlim e à procura pela paz no Oriente Médio. Nações importantes se desintegraram, e outras foram formadas ou se reorganizaram. O mundo nunca viveu um conjunto tão intrincado de relações internacionais, com o complicador dos meios de divulgação que, notificando a todos rapidamente, mantém uma exigente opinião pública, de dimensão planetária. A pergunta que fica é: "Como cada país poderá assegurar o bem-estar de seus cidadãos?"

No século XXI o sucesso das nações dependerá da habilidade de competição em mercados globais. Isso estará subordinado à capacidade de produzir e vender produtos de alta qualidade e de custo aceitável para todos os mercados, o que define aquilo que está sendo chamado de *competitividade econômica*. Ora, todos os produtos envolvem materiais, e estes são fornecidos por intermédio da química. Contudo, o sucesso econômico não se resumirá na fabricação de compostos, mas incluirá capacidades de introduzir aperfeiçoamentos de projeto, de pesquisa, desenvolvimento de materiais e de seus processos de transformação.

O aspecto relevante em tudo isso é que o mundo do século XXI, espera-se, substituirá a "competição bélica" pela "competição econômica" e nesse contexto a química tem um papel importante a cumprir.

Rumo ao futuro

Podemos soltar a imaginação e sonhar com o futuro. Até hoje, a ciência se desenvolveu utilizando modelos ideais. Isso tem sido característico para os estudos em física e em química, porque sempre é preciso introduzir simplificações para poder investigar sistemas complexos. Entretanto, o progresso da ciência e da tecnologia está criando meios que possibilitam a pesquisa de sistemas não-ideais.

Muitas das conquistas da química envolveram os conceitos de substância pura, cristal perfeito e o manuseio de soluções diluídas, pois esses sistemas têm comportamento perto do ideal. No entanto, resultados de consequências práticas importantíssimas foram conseguidos ao serem criados centros de contaminação em espécies muito puras. Assim, a introdução de germânio em silício puríssimo permitiu obter o transistor e, posteriormente, o circuito integrado. A revolução na eletrônica, decorrente do aperfeiçoamento desses dispositivos, alargou a capacidade do homem em lidar com a informação, nas áreas de comunicação (rádio, tevê) e de computação (computadores super-rápidos, microcomputadores domésticos). Vemos aqui que os sistemas químicos puros têm propriedades limitadas, ainda que sua descrição seja mais simples. O homem, ao ousar sistemas complexos, abre caminhos mais versáteis e recria as suas possibilidades de progresso.

A supercondução dos metais foi muito importante para a construção de ímãs de campo magnético elevado. Esses ímãs fazem parte de indispensáveis instrumentos analíticos de laboratório e equipamentos de imagens para fins médicos. As teorias existentes para a condução metálica impõem a temperatura de 30 K (–243°C) como limite acima do qual não há supercondução. Experiências com cerâmicas, baseadas em misturas de óxidos de cobre, bário e ítrio, na segunda metade da década de 1980, permitiram criar um novo material, supercondutor, a temperaturas ao alcance do resfriamento com nitrogênio líquido (77 K ou –196°C).

Na primeira metade da década de 1990, a substituição do ítrio por mercúrio elevou a temperatura de supercondução para 130 K ou –143°C. Curiosamente, as cerâmicas supercondutoras, obtidas pelo aquecimento da mistura de óxidos, são materiais não estequiométricos, ou seja, suas fórmulas moleculares não envolvem uma composição definida.

É muito difícil formar um cristal perfeito de uma substância polimérica. Aliás, a maior parte dos polímeros de importância prática nem ao menos cristaliza, no sentido de formar um arranjo tridimensionalmente ordenado. Além de ser possível alterar as propriedades de resistência ao choque, à tração e ao fogo — por cristalização parcial —, hoje é possível fabricar polímeros capazes de conduzir a corrente elétrica. "Polímeros condutores" serão material de grande emprego no futuro, embora atualmente estejam nas primeiras etapas de seu desenvolvimento.

Soluções concentradas de detergentes têm suas propriedades bastante modificadas em relação àquelas das soluções diluídas. As propriedades se tornam anisotrópicas, isto é, passam a depender da direção considerada dentro da solução. Propriedades semelhantes são encontradas em sistemas coloidais e nas membranas que revestem as células de todos os organismos vivos.

A membrana celular ou soluções concentradas de detergentes são sistemas químicos complexos e suas investigações impulsionam o desenvolvimento da ciência. Nos dois casos, as propriedades constatadas resultam da tendência de auto-organização das moléculas, segundo princípios que ainda precisam ser mais bem detalhados. Aqui está envolvida a capacidade de reconhecimento de estruturas moleculares por parte de agregados, uma das características mais importantes de sistemas vivos. O estudo da auto-organização é uma das chaves para o entendimento da própria origem da vida. Portanto, as implicações bioquímicas ficam acentuadas e guardam um lugar destacado para os progressos a serem conquistados nesses temas.

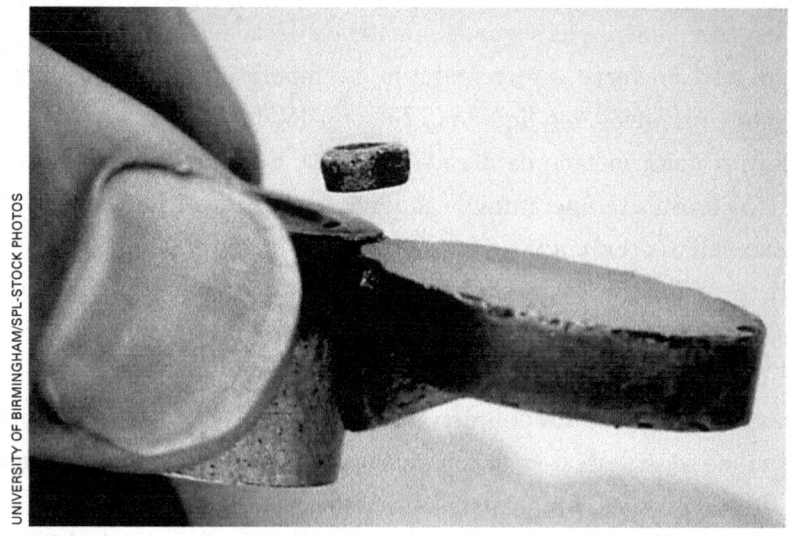

O futuro nas mãos: uma pastilha de cerâmica supercondutora, de óxido de ítrio, bário e cobre, flutua sobre um ímã após resfriamento em nitrogênio líquido (–196 °C).

Finalmente o átomo se tornou visível através do microscópio de tunelamento com varredura (*scanning tunneling microscope*) e de força atômica (*atomic force microscope*). Isso viabiliza uma nova química de superfícies, na qual fenômenos importantes como catálise e corrosão serão acompanhados por observação direta dos materiais envolvidos, molécula a molécula, átomo a átomo. Mas não só o "muito pequeno" foi conquistado. O "muito rápido", como estados intermediários de arranjos de reagentes e produtos em reações químicas, e que acontecem em intervalos de tempo curtíssimos, também está sendo passível de investigação. Usando *lasers*, já é possível identificar um intermediário reacional cuja vida se resume a poucas centenas de femtossegundos (10^{-15} s). Estudos dessa natureza deram o prêmio Nobel de Química de 1999 ao egípcio Ahmed H. Zewail. Na química, como em todas as suas atividades, o homem também rompe limites e alarga horizontes.

Como se forma um químico: graduação e doutoramento

Convém chamar a atenção do aluno do ensino médio para o fato de que muitos campos de investigação acadêmica e aplicada se desenvolvem graças ao ensino especializado ministrado no curso de pós-graduação.

Quando o aluno presta vestibular e ingressa em uma universidade (independentemente do curso), ele passa a receber o ensino de graduação. Terminada essa etapa, ele pode aperfeiçoar sua formação através de um curso de pós-graduação, no qual receberá o título de doutor na especialidade pela qual optar. Para isso, ele deverá realizar alguns cursos (em geral envolvendo temas específicos) e escrever uma tese original. Essa tese deverá expor um tema inédito, que nenhum autor tenha apresentado anteriormente. Isso pode parecer complicado, mas não é, porque são tantos os detalhes do conhecimento humano que sempre sobram aspectos por esclarecer. Esse processo de doutoramento é feito de modo semelhante em todas as universidades do mundo e remonta às mais antigas instituições de ensino superior, que já existiam na Idade Média. No século XX foi introduzida uma etapa intermediária de pós-graduação, que recebeu o nome de mestrado.

No Brasil, onde a primeira universidade surgiu apenas na década de 1920, a maioria das pessoas ignora que o processo de formação no ensino superior não se resume apenas à graduação. Em consequência mimoseia-se, sem critério, qualquer profissional universitário com o prefixo de "doutor", utilizado mais como prova de prestígio ou tratamento honorífico do que como aquilo que realmente é: título de competência e especialização acadêmica, adquirido através de estudos avançados e méritos.

No Primeiro Mundo, especialmente no ramo químico, profissionais que somaram o doutoramento à sua graduação ocupam os postos-chave em toda estrutura técnica e administrativa das empresas industriais e comerciais mais destacadas. Como foi mencionado em várias passagens deste texto, desde o século XIX a maioria dos progressos importantes nas áreas científicas tem sido realizada por pesquisadores doutorados, que revertem para as instituições de pesquisa e empresas que os empregam — e daí para as comunidades e nações — os benefícios da formação especializada.

No Brasil, somente a partir de 1970 o ensino universitário de graduação ampliou seu alcance a fim de atingir grandes contingentes de alunos. Hoje, existem muitos campos nos quais o número de profissionais formados (graduados) é elevado. Nessas circunstâncias, combinando-se a relação entre a oferta e a demanda de emprego com as necessidades de recursos humanos altamente qualificados — para garantir a competitividade econômica —, pode-se prever que a solicitação de profissionais de elevada especialização (pós-graduados) deverá crescer continuamente. O sucesso em uma carreira tecnocientífica em nosso país gradativamente passará a incorporar o doutoramento como etapa formativa indispensável.

Um convite para o estudante se interessar por uma carreira em química

Vivemos em um mundo em transformação. A população global atinge um número — 6 bilhões — que possibilita as inúmeras agressões ao meio ambiente. O mundo não é um conjunto de pequenas tribos, com centenas de quilômetros quadrados de território disponíveis para cada habitante, quase uma fonte inesgotável de recursos para a sobrevivência.

Na perspectiva econômica, produtividade e competitividade em escala global são palavras-chave e são viabilizadas pelo casamento bem-sucedido da ciência com a tecnologia, mantido feliz pelas descobertas e pelos aperfeiçoamentos contínuos. Graças aos desenvolvimentos científicos, matérias-primas naturais de alto custo são substituídas por novos materiais, sintéticos. Para competir com a mão-de-obra barata, os centros avançados desenvolvem a automação e os robôs industriais.

Nesse quadro, os países em desenvolvimento — que só dispõem de recursos naturais e mão-de-obra — se tornam satélites dos desenvolvidos. Com isso, acabam se restringindo ao papel de consumidores, sem opção de gerir seu destino e sem capacidade para integrar mercados globais. Sem autonomia e sem cabeças pensantes na ciência, na tecnologia, nas humanidades e na arte, as nações emergentes — como é o caso do nosso país — não terão condições de resolver seus problemas ambientais, de demanda de materiais e de saúde. Ora, a química é uma ciência fundamental para resolver os problemas e atender às necessidades de educação nas áreas que acabamos de mencionar.

Portanto, o progresso social e econômico do país depende da formação de um grande contingente de químicos capazes de desenvolver as potencialidades da química nas áreas científica, tecnológica e educacional.

O aluno que gosta das ciências tem interesse em entender por que as transformações naturais seguem determinadas direções, não tem medo de raciocínios elaborados, poderá se transformar em um "montador de moléculas". Encontrará na química a possibilidade de uma carreira fascinante que, além das inúmeras oportunidades de êxito pessoal, profissional ou acadêmico, lhe permitirá desenvolver ao máximo todas as suas aptidões e dar uma grande contribuição ao seu país.

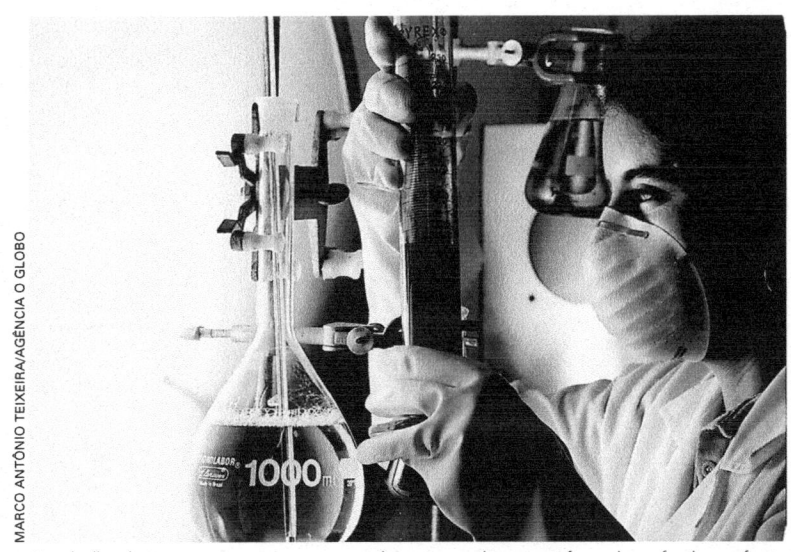

O trabalho do químico, na ciência, na tecnologia e na educação é fonte de profunda satisfação e, principalmente, de progresso para a sociedade.

Bibliografia

Aqui está a relação das obras consultadas na elaboração do presente texto. O material bibliográfico mencionado é encontrado na Biblioteca e Serviço de Documentação do Conjunto das Químicas, na Universidade de São Paulo. Cópias dos artigos de revistas podem ser solicitadas à biblioteca (Cidade Universitária Armando de Salles Oliveira, CEP 05508-070, São Paulo — SP).

As referências em que aparecem o nome da editora correspondem a livros. Para as revistas, as abreviações *J. Chem. Educ.* e *Compt. Rend.* correspondem, respectivamente, a *Journal of Chemical Education* (publicação da American Chemical Society) e *Comptes Rendues de l'Académie des Sciences* (publicação da Academia de Ciências da França). O primeiro número após o nome da revista indica o volume; o segundo, a página inicial do artigo.

CUMMINGS, C. The legacy of Wallace Hume Carothers. *J. Chem. Educ.*, 61, 284, 1984.
DEANIN, R. J. The Chemistry of Plastics. *J. Chem. Educ.*, 64, 45, 1987.
FERREIRA, Ricardo. Chemists' Involviment in Society
    a) Part I. Joseph Priestley. *Chemistry*, 43 (9), 16, 1970.
    b) Part II. Stanislao Canizarro. *Chemistry*, 43 (11), 12, 1970.
    c) Part III. *Chemistry*, 44 (2), 18, 1971.
FINE, G. J. Glass and Glassmaking. *J. Chem. Educ.*, 68, 765, 1991.
FINEGOLD, H. The Liebig-Pasteur Controversy, *J. Chem. Educ.*, 31, 403, 1954.
FRENCH, S. J. The Chemical Revolution — The Second Phase. *J. Chem. Educ.*, 27, 83, 1950.

GOLDFARB, Ana M. Alfonso. *Da alquimia à química*. São Paulo, Edusp-Editora Nova Stella, 1987.

HABER, L. F. *The Chemical Industry during the Nineteenth Century*. Londres, Oxford University Press, 1958 (reimpr. 1969).

HAMPEL, C. A. & HAWLEY, G. G. *The Encyclopedia of Chemistry*. 3ª ed., Nova York, Van Nostrand Rheinhold Co., 1973.

HAYNES, W. *Os milagres da química*. Porto Alegre, Livraria Globo, 1945.

IHDE, A. J. *The Development of Modern Chemistry*. Nova York, Harper & Row, 1964.

JONES, M. M., NETTERVILLE, J. T., JOHNSTON, D. D. & WOOD, J. L. *Chemistry, Man and Society*. Filadélfia, W. B. Saunders Co., 1976.

JUNG, C. G. *Psychology and Alchemy*. Londres, Routledge & Kegan Paul, 1968.

KAKUDO, M. & KASAI, N. *X-Ray Diffraction of Polymers*. Tóquio, Kodausha Ltda.-Elsevier Publ. Co., 1972.

LEICESTER, H. M. *Development of Biochemical Concepts from Ancient to Modern Times*. Massachusetts. Harvard University Press, 1974.

_____. *The Historical Background of Chemistry*. Nova York, John Wiley & Sons, 1956.

LETCHER, T. M. & LUTSEKE, N. S. A Closer Look at Cotton, Rayon and Polyester Fibers. *J. Chem. Educ.*, 67, 361, 1990.

MARK, H. Polymer Chemistry in Europe. How it all Began. *J. Chem. Educ.*, 58, 527, 1981.

_____. The Early Days of Polymer Science. *J. Chem. Educ.*, 50, 757, 1973.

MARVEL, G. S. The Development of Polymer Chemistry in America. *J. Chem. Educ.*, 58, 535, 1981.

MATHIAS, S. e vários autores. *Os cientistas*. São Paulo, Abril Cultural, 1972.

MEIO SÉCULO de sucesso. *Revista Du Pont*, 3 (9), 11, 1988.

NEVILLE, R. G. The Discovery of Boyle's Law. *J. Chem. Educ.*, 39, 356, 1962.

PARTINGTON, J. R. The Concepts of Substance and Chemical Elements. *Chimya*, 1, 109, 1950.

PASTEUR, L. Memóire sur la Relation qui Peut Existir entre la Forme Cristalline et la Composition Chimique, et sur la Cause de la Polarization Rotatoire. *Compt. Rend.*, 26, 535, 1848.

RHEINBOLDT, H. *História da balança e a vida de J. J. Berzelius*. SãoPaulo, Edusp-Editora Nova Stella, 1988.

THE BRAZILIAN CHEMISTRY in Action Group, Picturing the Chemical Relevance. *J. Chem. Educ.*, 68, 652,1991.

TOSI, L. Lavoisier: uma revolução na química. *Química Nova*, 12, 33, 1989.

TRIFONOV, D. N. &TRIFONOV,V. D. *Chemical Elements. How They Were Discovered*. Moscou, Mir Publishers, 1985.

VENETSKI, S. *Tales about Metals*. Moscou, Mir Publishers, 1981.